Dieter Burgartz
Thomas Blum

QM-Optimizing der Softwareentwicklung

Zielorientiertes Software-Development

Herausgegeben von Stephen Fedtke

Die Reihe bietet Programmierern, Projektleitern, DV-Managern und der Geschäfts-Leitung wegweisendes Fachwissen.

Die Autoren dieser Reihe sind ausschließlich erfahrene Spezialisten. Der Leser erhält daher gezieltes Know-how aus erster Hand. Die Zielsetzung umfaßt:

- Entwicklungs- und Einführungskosten von Software reduzieren
- Zukunftsweisende Strategien für die Gestaltung der Datenverarbeitung bereitstellen
- Zeit- und kostenintensive Schulungen verzichtbar werden lassen
- effiziente Lösungswege für Probleme in allen Phasen des Software-Life-Cycles aufzeigen
- durch gezielte Tips und Hinweise Anwendern einen Erfahrungs- und Wissensvorsprung sichern

Die Bücher sind praktische Wegweiser von Profis für Profis. Für diejenigen, die heute in die Hand nehmen, was morgen Vorteile bringen wird.

Bisher erschienen:

Qualitätsoptimierung der Software-Entwicklung
Das Capability Maturity Model (CMM)
von Georg Erwin Thaller

Objektorientierte Softwaretechnik
Integration und Realisierung in der betrieblichen DV-Praxis
von Walter Hetzel-Herzog

Effizienter DB-Einsatz von ADABAS
von Dieter W. Storr

Effizienter Einsatz von PREDICT
Informationssysteme entwerfen und realisieren
von Volker Blödel

Effiziente NATURAL-Programmierung
von Sylvia Scheu

CASE – Leitlinien für Management und Systementwickler
von Hermann Henrich, Axel Hantelmann und Reinhold Nürnberger

Handbuch der Anwendungsentwicklung
Wegweiser erfolgreicher Gestaltung von IV-Projekten
von Carl Steinweg

CICS und effiziente D8-Verarbeitung
Optimale Zugriffe auf DB2, DL/I und VSAM-Daten
von Jürgen Schnell

Effiziente Softwareentwicklung mit DB2/MVS
Organisatorische und technische Maßnahmen zur Optimierung der Performance
von Jürgen Glag

Objektorientierte Datenbanksysteme
ODMG-Standard, Produkte, Systembewertung, Benchmarks, Tuning
von Uwe Hohenstein, Regina Lauffer, Klaus-Dieter Schmatz und Petra Weikert

QM-Optimizing der Softwareentwicklung
QM-Handbuch gemäß DIN EN ISO 9001 und Leitfaden für Best Practices im Unternehmen
von Dieter Burgartz und Thomas Blum

Vieweg

Dieter Burgartz
Thomas Blum

QM-Optimizing der Softwareentwicklung

QM-Handbuch gemäß DIN EN ISO 9001
und Leitfaden für Best Practices im Unternehmen

Herausgegeben von Stephen Fedtke

2., überarbeitete Auflage

Die deutsche Bibliothek – CIP-Einheitsaufnahme

Burgartz, Dieter:
QM-Optimizing der Softwareentwicklung: QM-Handbuch gemäß DIN EN ISO 9001 und Leitfaden für Best Practices im Unternehmen / Dieter Burgartz; Thomas Blum. Hrsg. von Stephen Fedke. – 2., überarb. Aufl. – Braunschweig; Wiesbaden: Vieweg, 1998
(Zielorientiertes Software-Development)
1. Aufl. u.d.T.: QM-Handbuch der Softwareentwicklung

ISBN 978-3-528-15493-6 ISBN 978-3-322-89808-1 (eBook)
DOI 10.1007/978-3-322-89808-1

Die erste Auflage erschien 1995 unter dem Titel „QM-Handbuch der Softwareentwicklung"
2., überarbeitete Auflage 1998

Der Verlag Vieweg ist ein Unternehmen der Bertelsmann Fachinformation GmbH.

http://www.vieweg.de

Gedruckt auf säurefreiem Papier

ISBN 978-3-528-15493-6

Vorwort

2. Auflage

Die 1. Auflage des Buches hat eine breite Resonanz gefunden und zahlreiche Unternehmen der IT-Branche haben auf der Basis dieses Handbuches „ihr" Qualitätsmanagementsystem aufbauen oder verbessern können. Die Autoren haben viele Anregungen von den Lesern erhalten und diese in der nunmehr vorliegenden 2. Auflage weitgehend berücksichtigt. Zudem wird diese Auflage ohne beigefügte Diskette und in einer einfacheren Gestaltung publiziert. Hierdurch kann das Buch zu einem Preis angeboten werden, der auch für Studenten und solche Interessenten attraktiv ist, die nicht professionell mit dem Aufbau und der Einführung eines Qualitätsmanagementsystems für die Softwareentwicklung betraut sind.

Thema des Buches

Die Qualitätsforderungen an IT-Produkte und -Projekte steigen ständig. Doch daß IT-Projekte „in-time, under budget, with high-quality" durchgeführt werden, ist eher die Ausnahme denn die Regel. Die Gründe für diese Schwierigkeiten sind vielfältig. Sie beruhen meistens darauf, daß die Kernprozesse der Systementwicklung (Systemerstellung, Projektmanagement, Qualitätssicherung und Konfigurationsmanagement) nicht ausreichend festgelegt sind und überwacht werden. Abhilfe schafft hier die konsequente Einführung eines prozessorientierten Qualitätsmanagementsystems, das die Kundenerwartung erfüllt und Fehler sowie Verluste in den Prozessen zur Erstellung von Software/Systemen vermeidet.

Ziel des Buches

Beim Aufbau eines unternehmensspezifischen Qualitätsmanagementsystems ist das Qualitätsmanagementhandbuch das wichtigste Dokument. Das vorliegende QM-Handbuch zeigt, was ein solches Dokument enthalten sollte und wie es erstellt wird. Es bietet somit umfassend Hilfestellung beim Aufbau und der Einführung eines prozessorientierten Qualitätsmanagementsystems, das die „best-practices" im Unternehmen verfügbar macht.

Was enthält das Buch

Beispiele, Mustertexte und Leitfäden zeigen auf, worauf zu achten ist und weisen dem Leser den Weg zu einem unternehmensspezifischen QM-Handbuch, das u.a. auch Voraussetzung für die Zertifizierung eines Qualitätsmangementsystems nach DIN EN ISO 9001 ist. Zur Festlegung, Darstellung und Verwirklichung eines Software-Qualitätsmanagementsystems werden die wesentlichen konstruktiven, analytischen und administrativen Prozesse zur Sicherstellung und Erfüllung der Softwarequalität vorgestellt und praxisgerecht erläutert. Vorrangig werden die primären Geschäftsprozesse (Vertragserstellung, Systementwicklung, Projektmanagement, Qualitätssicherung und Konfigurationsmanagement) behandelt. Aber auch die unterstützenden (sekundären) Prozesse wie z.B. Beschaffung, Beistellungen, Schulung und QM-Audit werden detailliert dargestellt.

Systementwicklung nach dem V-Modell

Eine wichtige Frage bei der Systementwicklung ist die Festlegung eines generischen Vorgehensmodells, das die durchzuführenden Aktivitäten und die zu erstellenden Systemprodukte festlegt und das an die Erfordernisse und Randbedingungen einer konkreten IT-Entwicklung angepaßt werden kann. Im vorliegenden QM-Handbuch wird hierzu das bekannte V-Modell (Vorgehensmodell des Bundes) angewendet. Die Entwicklung nach dem V-Modell wird ergänzt durch Angaben zu strukturierten und objektorientierten Verfahren und Methoden für Analyse, Design und Programmierung.

Wie verwendet man das Buch?

Das vorliegende Handbuch dient als Leitfaden und Muster für die Erarbeitung eines unternehmensspezifischen Qualitätsmanagementsystems für die Softwareentwicklung. Alle nach DIN EN ISO 9001 geforderten Qualitätsmanagementelemente sind im Handbuch berücksichtigt. Der Aufwand zur Erstellung eines individuellen Qualitätsmanagementhandbuches kann somit drastisch reduziert werden. Umfang und Tiefe der Darstellung müssen unternehmensspezifisch festgelegt werden, da diese von den Anforderungen der Kunden, dem eigenen Leistungsangebot (wie z.B. Produkte, Projektentwicklung, Beratung, RZ-Betrieb), der internen Aufbau- und Ablauforganisation sowie den im Unternehmen praktizierten Verfahren, Methoden, Werkzeugen usw. abhängen.

An wen wendet sich das Buch?

Dieses Handbuch wendet sich an DV-Manager, Qualitätsmanagementbeauftragte, Qualitätsingenieure und -sicherer, Berater, Auditoren, Projektleiter und Entwickler, die mit der Erstellung, der Einführung oder Anwendung eines Qualitätsmanagementsystems für die Softwareentwicklung betraut sind. Kenntnisse der DIN ISO 9000-Normen zum Qualitätsmanagement sind für das Verständnis und die Handhabung des Handbuches hilfreich, jedoch nicht notwendig.

Inhaltsverzeichnis

Aufbau des Handbuches

Das Handbuch ist in drei Teile gegliedert.

Vorwort
Aufbau
Wegweiser

Der vorliegende Teil (mit römischer Seitennumerierung) umfaßt das **Vorwort**, diese Erläuterungen zum ***Aufbau des Handbuches***, einen ***Wegweiser*** zur Anwendung des Handbuches sowie Verweise auf weitere ***Produkte*** der Autoren, die u.a. auch Muster für ein Qualitätsmanagementhandbuch und typische QM-Verfahrensanweisungen für die Softwareentwicklung auf Diskette und CD-ROM enthalten.

Musterhandbuch

Der folgende Hauptteil enthält das ***QM-Musterhandbuch*** nach DIN EN ISO 9001 mit ergänzenden Anlagen. Dieser Teil beinhaltet Muster- und Beispieltexte für ein Qualitätsmanagementhandbuch für die Softwareentwicklung, das alle Qualitätsmanagementelemente der DIN EN ISO 9001 ausweist und den Leitfaden DIN ISO 9000-3 abdeckt. Als Muster und Leitfaden ist dieser Teil unmittelbar für die Erstellung eines individuellen (unternehmensspezifischen) Qualitätsmanagementhandbuches zu verwenden.

Hinweise und
Beispiele

Im dritten Teil sind ***ergänzende Kommentare, Hinweise und Beispiele*** enthalten, die hilfreich bei der Erstellung eines individuellen Qualitätsmanagementhandbuches sind. Abschnitte im Musterhandbuch, für die im Anhang ergänzende Ausführungen vorliegen, sind neben der Abschnittsnummer und der Abschnittsbezeichnung mit dem folgenden Symbol gekennzeichnet:

Einführung
in ISO 9000,
Zertifizierung

Für Leser, die mit den internationalen Normen zum Qualitätsmanagement noch nicht vertraut sind, enthält dieser Anhang auch eine knappe Darstellung der relevanten Normen und eine Erläuterung zur Zertifizierung eines Qualitätsmanagementsystems.

V-Modell

Eine kurze Einführung in das V-Modell zur Systementwicklung ist ebenfalls in diesem Anhang enthalten.

Lieteratur
Sachwörter

Den Abschluß bilden ein Literaturverzeichnis und ein Sachwortverzeichnis. Das Literaturverzeichnis verweist auf Normen, Artikel und Bücher, die sich mit der Thematik der Qualität in der Softwareentwicklung befassen. Aus der Vielzahl der verfügbaren Quellen ist dieses Verzeichnis nur eine knappe Auswahl, die keinen Anspruch auf Vollständigkeit erhebt.

Wegweiser zur Anwendung des QM-Handbuches

Was bietet das QM-Handbuch?

Muster und Beispieltexte

Das Handbuch ist ein Leitfaden und enthält Muster- und Beispieltexte zur Erstellung eines individuellen, unternehmensspezifischen Qualitätsmanagementhandbuches für die Softwareentwicklung. Es deckt alle Qualitätsmanagementelemente ab, welche die DIN EN ISO 9001 ausweist, und berücksichtigt den für die Softwareentwicklung relevanten Leitfaden DIN ISO 9000-3.

prozessorientierter Aufbau

Der Aufbau des Handbuches ist prozessorientiert und nicht nach den Qualitätsmanagementelementen der DIN EN ISO 9001 gegliedert. Ein prozeßorientierter Aufbau wird der typischen Arbeitsweise in System-/Softwarehäusern besser gerecht als eine Strukturierung nach den 20 Qualitätsmanagementelementen der DIN EN ISO 9001. Die ausgewiesenen Prozesse decken natürlich die Forderungen der Nachweisnorm 9001 vollständig ab.

V-Modell

Als Basis für die Vorgehensweise in der Systementwicklung wird das generische Vorgehensmodell des Bundes (als V-Modell bezeichnet) verwendet. Dieses V-Modell weist einen allgemeinen Rahmen für die in einer Systementwicklung durchzuführenden Aktivitäten und zu erstellenden Produkte aus. In einem konkreten Projekt muß dieser generische Rahmen an die spezifischen Anforderungen und Randbedingungen angepaßt werden (dieser Anpassungsprozeß wird als „Tailoring“ bezeichnet).

Anpassen des Handbuches

Als Muster und Leitfaden kann das Handbuch unmittelbar für die Erstellung oder Anpassung eines eigenen Qualitätsmanagementhandbuches verwendet werden. Dabei bestehen ausreichende Freiheitsgrade zur Berücksichtigung der spezifischen Rahmenbedingungen eines Unternehmens. So können z.B. Abschnitte des Musterhandbuches gekürzt, weggelassen oder durch eigene Beschreibungen geändert und erweitert werden. Entscheidend für die Breite und Tiefe der Darstellung des eigenen Qualitätsmanagementsystems im Qualitätsmanagementhandbuch sind das angebotene Leistungsspektrum sowie die in bereits vorhandenen Dokumenten festgelegten Verfahren, Methoden, Werkzeuge usw. zur Entwicklung, zur Qualitätssicherung und zum Management von Softwareprojekten/-produkten.

weitere Erläuterungen

Der Anhang zum Buch enthält ergänzende Kommentare, Hinweise und weitere Beispiele zu Kapiteln und Abschnitten des Musterhandbuches. Hier sind zur Verdeutlichung auch Anregungen für Verfahrens- und Arbeitsanweisungen sowie Checklisten und Formulare als Beispiele enthalten, die im allgemeinen nicht in das Qualitätsmanagementhandbuch gehören, sondern dort nur referiert werden (mitgeltende Unterlagen).

Wie liest man das Handbuch?

Ein sequentielles Lesen von der ersten bis zur letzten Seite wird in vielen Fällen nicht zweckmäßig sein.

Überblick über die Normen

Verfügt der Leser über keine oder nur geringe Kenntnisse der DIN ISO 9000-er Normen, sollte er sich zunächst mit der kurzen Vorstellung der Normen am Ende des Anhangs beschäftigen. Ein Studium der wichtigsten Begriffe (Anlage A zum Musterhandbuch) sollte parallel erfolgen.

Einführung in das V-Modell

Ebenfalls im Anhang enthalten ist eine kurze Einführung in das V-Modell der Systementwicklung. Lesern, die mit diesem Modell noch nicht ausreichend vertraut sind, wird das Studium dieses Abschnittes empfohlen.

Ein zunächst „diagonales" Lesen des Hauptteils sollte sich anschließen. Zur vertiefenden Betrachtung einzelner Prozesse geht man am besten abschnittsweise vor und zieht ergänzend die zusätzlichen Erläuterungen und Beispiele aus dem Anhang zu Rate.

Für Querbezüge zu den relevanten DIN ISO Normen stehen die Tabellen im Abschnitt 1.3 des Musterhandbuches zur Verfügung.

Auf was kommt es an?

Anwendung in der Praxis

Hat man die Aufgabe, ein Qualitätsmanagementsystem in einem Unternehmen einzuführen, so ist es mit der Erstellung eines Qualitätsmanagementhandbuches nicht getan. Das System muß in einer Reihe weiterer Dokumente (z.B. in Qualitätsmanagement-Verfahrensanweisungen und Qualitätsmanagement-Arbeitsanweisungen) näher spezifiziert und detailliert werden. Das System, das im Handbuch beschrieben wird, muß auch tatsächlich eingeführt, betrieben und kontrolliert werden. Änderungen in den qualitätsbezogenen Abläufen, Vorschriften usw. müssen im Qualitätsmanagementhandbuch und den unterlagerten Dokumenten stets nachgetragen werden, damit das dokumentierte System aktuell bleibt und alle Betroffenen erreicht.

Wenn ein Qualitätsmanagementsystem nur mit dem Ziel erarbeitet wird, aus Marketinggründen ein Zertifikat zu erhalten, besteht die Gefahr, daß das System in der Praxis nicht ausreichend umgesetzt wird und die eigentlichen Vorteile für das Unternehmen ausbleiben.

Qualität fordern und fördern

Die Unternehmensleitung muß Qualität fordern und fördern. Dies spricht besonders die Bereiche Mitarbeitermotivation, Mitarbeiterschulung, Auditierung des Qualitätsmanagementsystems, Korrekturmaßnahmen sowie Qualitätsmessungen und verbesserungen an. Die Mitarbeiter müssen das eingeführte System akzeptieren und umsetzen, denn letztlich entsteht Qualität durch die Arbeit des Einzelnen.

Korrektur- und Verbesserungsmaßnahmen

In regelmäßigen Audits muß überprüft werden, ob das praktizierte System effektiv ist und wirtschaftlich betrieben wird. Werden Lücken, grundsätzliche Mängel oder inkorrekte Anwendungen des Qualitätsmanagementsystems festgestellt, so sind geeignete Korrekturmaßnahmen zu ergreifen und deren Durchführung zu kontrollieren. Änderungen in den Abläufen und Verfahren sind im Qualitätsmanagementhandbuch zu dokumentieren, damit es stets aktuell bleibt.

Bewertung der erreichten Qualität

Besonderes Gewicht kommt der Frage zu, wann und wie man mißt, schätzt oder beurteilt, ob die erreichten Qualitätsausprägungen einer Software(-komponente) im Prozeßablauf den gestellten Qualitätsanforderungen genügen. Untersuchungen zu Qualitätsverbesserungen sollten regelmäßig angestellt werden. Diese können sich sowohl auf die Qualitätsmerkmale der Software als auch auf die Prozesse und Tätigkeiten in den Entwurfs- und Entwicklungsphasen der Software beziehen.

Verfahrens- und Arbeitsanweisungen

Im Qualitätsmanagementhandbuch sollte beschrieben werden, wie das im Unternehmen eingeführte Qualitätsmanagementsystem aufgebaut und organisiert ist und praktiziert wird. Einzelanweisungen werden hier nicht aufgeführt, sondern es wird nur auf sie verwiesen. Verfahrens- und Arbeitsanweisungen, welche die Qualität der Prozesse und Produkte betreffen, werden im allgemeinen aus dem Qualitätsmanagementhandbuch abgeleitet und als mitgeltende Dokumente festgelegt.

Zertifizierung

Wird mit dem Aufbau eines Qualitätsmanagementsystems auch die Zielsetzung seiner Zertifizierung verfolgt, so ist im besonderen Maße darauf zu achten, daß alle in den DIN EN ISO 9001 geforderten Qualitätsmanagementelemente abgedeckt sind. Auditoren, welche die Normenkonformität eines Qualitätsmanagementsystems prüfen, legen besonderen Wert darauf, daß das Handbuch die im Unternehmen tatsächlich praktizierten Qualitätsmanagementelemente beschreibt, d.h. es darf keine Sollbeschreibung eines geplanten Qualitätsmanagementsystems sein. Weitere Schwerpunkte der Prüfer sind die bereits oben angesprochenen Elemente Auditierung, Korrekturmaßnahmen und Qualitätsprüfungen.

Projekt- und Produktqualität

Schließlich sei noch darauf hingewiesen, daß ein Qualitätsmanagementsystem kein Ersatz für die jeweiligen Qualitätsanforderungen an eine Projekt- oder Produktentwicklung darstellt. Ein Qualitätsmanagementsystem soll vielmehr sicherstellen, daß ein ausgereiftes und wirtschaftliches System für das Management, die Entwicklung, die Qualitätsplanung, -lenkung und -prüfung sowie die Verwaltung von Software praktiziert wird, das gleichermaßen auf die Prozesse der Softwareherstellung und auf deren Ergebnisse ausgerichtet ist. Die projektspezifischen Qualitätsanforderungen sind im jeweiligen Projektauftrag festzulegen.

Inhalt und Aufbau eines Qualitätsmanagementhandbuches

Qualitäts-management-elemente

Ein Qualitätsmanagementhandbuch sollte – soweit für ein Unternehmen zutreffend – alle Qualitätsmanagementelemente abdecken, die in der anzuwendenden Norm ausgewiesen sind. Im vorliegenden Handbuch ist dies die Norm DIN EN ISO 9001, die die Leistungsbereiche „Design" bis „Wartung" abdeckt und 20 Qualitätsmanagementelemente ausweist. Als Dokumentationsstruktur eines Qualitätsmanagementhandbuches werden häufig diese 20 Elemente direkt als Kapitelüberschriften verwendet, und manche Auditoren wünschen auch eine derartige Gliederung.

Proessorientiertes QM-Handbuch

Im vorliegenden Handbuch ist eine Gliederung gewählt, die sich an den prozeßorientierten Gegebenheiten einer Systementwicklung, den entwicklungsübergreifenden Tätigkeiten sowie den organisatorischen Verantwortlichkeiten orientiert. Über Referenztabellen (siehe Abschnitt 1.3 im Handbuch) ist jedoch ein direkter und einfacher Bezug zu den Qualitätsmanagementelementen der DIN EN ISO 9001 gegeben. Dies sollte also kein Problem darstellen, zumal die Normierungsarbeiten noch im Fluß sind und keine festen Gliederungsstrukturen in den Normen gefordert werden.

Dokumentations-umfang

Zum Umfang und Detaillierungsgrad eines Qualitätsmanagementhandbuches können keine allgemein gültigen

Empfehlungen ausgesprochen werden. Entscheidend sind hier die Homogenität des angebotenen Leistungsspektrums und der im Unternehmen mögliche und erreichte Grad an Standardisierung. Grundsätzlich sollte man sich jedoch auf die Darstellung des Aufbaus und der Abläufe des Qualitätsmanagements beschränken. Verantwortlichkeiten und Zuständigkeiten müssen klar dargestellt sein. Einzelrichtlinien, Verfahrens- und Arbeitsanweisungen werden besser in untergeordneten (mitgeltenden) Unterlagen dokumentiert. Dies hat auch den Vorteil, daß das Qualitätsmanagementhandbuch dann nicht so häufigen Änderungen unterliegt.

Wie erstellt man ein Qualitätsmanagementhandbuch?

Eine allgemein gültige Empfehlung kann nicht ausgesprochen werden, da dies in starkem Maße von den vorhandenen Grundlagen im Unternehmen und von dem persönlichen Erfahrungsschatz der mit der Erstellung des QMS Beauftragten abhängt.

Erstellung eines QMH

Eine typische Vorgehensweise umfaßt z.B. folgende Schritte:

- Einarbeitung in die relevanten DIN ISO Normen,
- Auswahl des geeigneten Modells (hier DIN EN ISO 9001),
- Festlegung der Gliederung des Handbuches,
- Sammlung und Analyse der im Unternehmen vorhandenen Grundlagen,
- Ergänzung der vorhandenen Grundlagen,
- Erstellung einer 1. Version für priore Prozesse,
- Review der 1. Version auf verschiedenen Ebenen wie z.B.:
    - Mitarbeiter der Entwicklung und des Supports,
    - Mitarbeiter des Qualitätswesens,
    - Projektleiter, Vertrieb und Marketing,
    - Führungskräfte,
    - Geschäftsleitung,
- Vervollständigung des Qualitätsmanagementhandbuches,
- Review dieser Version (siehe oben),
- Genehmigung des Handbuches durch die Geschäftsleitung.

externe Unterstützung

Bei Bedarf kann man in diesen Schritten externe Beratungsleistungen einbinden. Im Einzelfall kann es auch sinnvoll sein, ein Vor-Audit mit einem externen Auditor durchzuführen, wenn z.B.

eine spätere Zertifizierung des Qualitätsmanagementsystems vorgesehen ist.

Zehn goldene Regeln

Die Einführung und Anwendung eines Qualitätsmanagementsystems ist im hohen Maße von den Voraussetzungen und Gegebenheiten des jeweiligen Unternehmens abhängig. Grundsätzlich sollten folgende Regeln beachtet werden.

Auf was sollte man achten?

1. Das Management muß Qualität fordern und fördern.
2. Das Qualitätswesen ist in die Entwicklung zu integrieren.
3. Qualitätsprüfungen müssen neutral durchgeführt werden.
4. Konstruktive Maßnahmen haben den Vorrang.
5. Fehler müssen frühzeitig erkannt und behoben werden.
6. Die Qualitätsplanung erfolgt projekt-/produktspezifisch.
7. Qualitätsbewertungen sollten – wenn immer möglich – quantitativ erfolgen.
8. Qualitätsmanagementmaßnahmen werden regelmäßig analysiert und bewertet.
9. Das Personal des Qualitätswesens verfügt über eine hohe Qualifikation.
10. Der Schlüssel zur Qualität sind gut ausgebildete und motivierte Mitarbeiter.

Musterhandbuch und Verfahrensanweisungen auf Datenträger

Ergänzende Materialien zu den Themen Qualitätsmanagement für Softwarehersteller, QM-Handbuch und QM-Verfahrensanweisungen stehen in folgenden Büchern mit beiliegender Diskette bzw. CD-ROM zur Verfügung:

Burgartz/Schmitz:
QM-Verfahrensanweisungen für Softwarehersteller
- Mustersammlung und Audit-Fragenkatalog nach DIN EN ISO 9001 - mit Diskette
ISBN 3-528-05538-3

Burgartz/Schmitz:
Die CD-ROM zum Software-Qualitätsmanagement
- Bausteine zur ISO 9001-gerechten Realisierung eines Software-Qualitätsmanagementsystems - mit CD-ROM
ISBN 3-528-05581-2

Qualitätsmanagementhandbuch

der

@Muster-GmbH

Dok.-Nr. :

Version : 1.0

Datum :

Exemplar Nr. :

Empfänger :

Das Exemplar unterliegt dem Änderungsmanagement: ☐ ja

☐ nein

Das Qualitätsmanagementhandbuch wird personenbezogen herausgegeben. Es ist Eigentum der *@Muster-GmbH* und darf ohne schriftliche Genehmigung der *@Muster-GmbH* nicht vervielfältigt, gespeichert, reproduziert oder Dritten zugänglich gemacht werden.

Änderungsnachweis

Version	Datum	Art	Seiten	Bemerkung
1.0	tt.mm.jjjj	N	alle	Erstausgabe

Legende:
N Neue Seite(n)
Ä Geänderte Seite(n)
E Entfallene Seite(n)

Inhaltsverzeichnis

1 Benutzungshinweise

1.1 Zweck und Anwendungsbereich

Das vorliegende Qualitätsmanagementhandbuch (QMH) beschreibt das Qualitätsmanagementsystem (QMS) der

@Muster-GmbH

Alle Maßnahmen und Abläufe, die der Erreichung eines höchsten Qualitätsstandards dienen, sind im QMS festgeschrieben und dienen als Grundlage und Richtlinie für die Arbeitsweise aller Mitarbeiter des Unternehmens.

Das QMS gilt für sämtliche produzierenden Bereiche des Unternehmens mit ihren Schnittstellen zu den internen Dienstleistungsstellen (wie z.B. Finanz- und Rechnungswesen, Controlling, Marketing, Personal und Recht, allgemeine Dienste).

1.2 Grundsatz- und Verbindlichkeitserklärung

Die Geschäftsleitung der *@Muster-GmbH* genehmigt das nach der eigenen Qualitätspolitik erstellte Qualitätsmanagementhandbuch und setzt es hiermit in Kraft.

Dieses Qualitätsmanagementhandbuch beschreibt auf der Basis der

DIN EN ISO 9001 und DIN ISO 9000-3

das im Unternehmen implementierte und praktizierte Qualitätsmanagementsystem.

Das in diesem Handbuch beschriebene System und die darin zitierten Dokumente wie z.B. Qualitätsmanagement-Verfahrensanweisungen und Qualitätsmanagement-Arbeitsanweisungen sind für alle Mitarbeiter und alle Fachbereiche im Unternehmen verbindlich.

Die Geschäftsleitung weist hiermit an, daß diesem Qualitätsmanagementsystem von allen Mitarbeitern des Unternehmens zu folgen ist.

<Ort, Datum> <Unterschrift>

1.3 Vergleichstabellen mit DIN-Normen

In den folgenden zwei Tabellen ist die Gliederung des vorliegenden Qualitätsmanagementhandbuches (QMH) den Abschnitten der DIN EN ISO 9001 gegenübergestellt.

Damit ist für Qualitätssicherer und Auditoren auf einfache Weise überprüfbar, in welchen Abschnitten die in der Norm ausgewiesenen Qualitätsmanagementelemente durch das Qualitätsmanagementsystem abgedeckt sind. Bei Änderungen der Normen ist direkt erkennbar, welche Abschnitte des QMH zu überprüfen und gegebenenfalls zu überarbeiten sind.

Abschnitt des Qualitätsmanagementhandbuches		**Abschnitt der**
Nr.	**Bezeichnung**	**DIN EN ISO 9001**
3.1	Verantwortung der Geschäftsleitung	4.1
3.2	Grundsätze zum Qualitätsmanagementsystem	4.2
3.3	Qualitätsaudits	4.17
3.4	Korrekturmaßnahmen	4.14
3.5	Qualitätsverbesserungen	4.14
4.2.2	Angebotsaufforderung	4.3
4.2.3	Angebotserstellung und -prüfung	4.3
4.2.4	Vertragsprüfung	4.3
4.2.5	Planung der Entwicklung	4.2, 4.4
4.2.6	Planung der Qualitätssicherung	4.2, 4.4
4.2.7	Zusammenarbeit mit dem Auftraggeber	4.3
4.3	Systemerstellung und Qualitätssicherung	4.4, 4.9
4.3.11	Annahme und Abnahme	4.10, 4.15
4.3.12	Überleitung in die Nutzung	4.10, 4.15, 4.18
4.3.13	Wartung, Pflege und Betrieb	4.19
4.4	Verifizieren und Validieren	4.10
5.1	Konfigurationsmanagement	4.5, 4.8, 4.12, 4.13
5.2	Änderungsmanagement	4.5, 4.8, 4.13

Tab. 1-1: Vergleichstabelle QMH mit DIN EN ISO 9001

Abschnitt des Qualitätsmanagementhandbuches		Abschnitt der
Nr.	**Bezeichnung**	**DIN EN ISO 9001**
5.3	Projektmanagement	4.9
5.4	Qualitätssicherung	4.10
5.5	Lenkung der Dokumente	4.5
5.6	Qualitätsaufzeichnungen	4.12, 4.16
5.7	Gesetze und Vorschriften	4,4, 4.9
5.8	Methoden und Werkzeuge	4.4, 4.9
5.9	Messungen und Prüfmittel	4.11, 4.20
5.10	Beschaffung	4.6
5.11	Beistellungen des Auftraggebers	4.7
5.12	Leistungen des Auftraggebers	
5.13	Kundenbetreuung	4.19
5.14	Lieferung und Versand	4.15
5.15	Statistische Methoden	4.20
5.16	Qualitätszirkel	
5.17	Datensicherung	
5.18	Produktsicherheit und Produkthaftung	
5.19	Wirtschaftlichkeitsbetrachtungen	
6.1	Aus- und Weiterbildung	4.18
6.2	Vertraulichkeit und Betriebsgeheimnisse	
6.3	Sicherheit, Schutz und Verfügbarkeit	
6.4	Verwaltung und Controlling	

Tab. 1-1: Vergleichstabelle QMH mit DIN EN ISO 9001 (Fortsetzung)

Abschnitt der DIN EN ISO 9001		Abschnitt des QMH	
Nr.	**Bezeichnung**	**Nr.**	**Bezeichnung**
4.1	Verantwortung der Leitung	3.1	Verantwortung der Geschäftsleitung
4.2	Qualitätsmanagementsystem	3.2	Grundsätze zum Qualitätsmanagementsystem
		4.2.6	Planung der Qualitätssicherung
4.3	Vertragsprüfungen	4.2.3	Angebotserstellung und -prüfung
		4.2.4	Vertragsprüfung
4.4	Designlenkung	4.2.5	Planung der Entwicklung
		4.2.6	Planung der Qualitätssicherung
		4.3	Systemerstellung
4.5	Lenkung der Dokumente und Daten	5.1	Konfigurationsmanagement
		5.2	Änderungsmanagement
		5.5	Lenkung der Dokumente
4.6	Beschaffung	5.10	Beschaffung
4.7	Lenkung der vom Kunden beigestellten Produkte	5.11	Beistellungen des Auftraggebers
4.8	Kennzeichnung und Rückverfolgbarkeit von Produkten	5.1	Konfigurationsmanagement
		5.2	Änderungsdienstverfahren
4.9	Prozeßlenkung	4.3	Systemerstellung
		5.3	Projektmanagement
		5.8	Methoden und Werkzeuge
4.10	Prüfungen	4.3.11	Annahme und Abnahme
		4.4	Verifizieren und Validieren
		5.4	Qualitätssicherung
4.11	Prüfmittelüberwachung	5.8	Methoden und Werkzeuge
		5.7	Gesetze und Vorschriften
		5.9	Messungen und Prüfmittel
4.12	Prüfstatus	5.1	Konfigurationsmanagement
		5.6	Qualitätsaufzeichnungen

Tab. 1-2: Vergleichstabelle DIN EN ISO 9001 mit dem QMH

Abschnitt der DIN EN ISO 9001		Abschnitt des QMH	
Nr.	**Bezeichnung**	**Nr.**	**Bezeichnung**
4.13	Lenkung fehlerhafter Produkte	4.3	Systemerstellung
		5.1	Konfigurationsmanagement
		5.2	Änderungsmanagement
4.14	Korrektur- und Vorbeugungsmaßnahmen	3.4 3.5	Korrekturmaßnahmen Qualitätsverbesserungen
4.15	Handhabung, Lagerung, Verpackung, Konservierung und Versand	5.14	Lieferung und Versand
4.16	Lenkung von Qualitätsaufzeichnungen	5.6	Qualitätsaufzeichnungen
4.17	Interne Qualitätsaudits	3.3	Qualitätsaudits
4.18	Schulung	6.1	Aus- und Weiterbildung
4.19	Wartung	4.3.13	Wartung, Pflege und Betrieb
		5.13	Kundenbetreuung
4.20	Statistische Methoden	5.15	Statistische Methoden

Tab. 1-2: Vergleichstabelle DIN EN ISO 9001 mit dem QMH (Fortsetzung)

1.4 Bezugsdokumente und mitgeltende Unterlagen

1.4.1 Bezugsdokumente

Dokument	Inhalt	Ausgabe
DIN EN ISO 9000-1	Normen zum Qualitätsmanagement und zur Qualitätssicherung/QM-Darlegung Teil 1: Leitfaden zur Auswahl und Anwendung	08.94
DIN ISO 9000-2	Qualitätsmanagement- und Qualitätssicherungsnormen Allgemeiner Leitfaden für die Anwendung von ISO 9001, ISO 9002 und ISO 9003	03.92
DIN ISO 9000-3	Qualitätsmanagement und Qualitätssicherungsnormen Leitfaden für die Anwendung von ISO 9001 auf die Entwicklung, Lieferung und Wartung von Software	06.92
DIN EN ISO 9001	Qualitätsmanagementsysteme Modell zur Qualitätssicherung / QM-Darlegung in Design/Entwicklung, Produktion, Montage und Wartung	08.94
DIN EN ISO 9004-1	Qualitätsmanagement und Elemente eines Qualitätsmanagementsystems Teil 1: Leitfaden	08.94
DIN ISO 9004-2	Qualitätsmanagement und Elemente eines Qualitätsmanagementsystems Leitfaden für Dienstleistungen	06.92

Dokument	Inhalt	Ausgabe
DIN ISO 10011	Leitfaden für das Audit von Qualitätssicherungssystemen	06.92
DIN 55350	Begriffe der Qualitätssicherung und Statistik	05.87
DIN ISO 8402	Qualitätsmanagement und Qualitätssicherung Begriffe	03.92
IEEE 730	Standard for Software Quality Assurance Plans	1983
AQAP-13	NATO Software Quality Control System Requirements	1984
V-Modell	Bundesministerium der Verteidigung und des Inneren Durchführung von IT-Vorhaben - Vorgehensmodell- Umdruck 250	07.97

1.4.2 Mitgeltende Unterlagen

Der Aufbau der Dokumentation zum Qualitätsmanagementsystem ist in Abschnitt 3.2.2 dargestellt. Weitere mitgeltende Unterlagen sind in der Anlage C ausgewiesen.

2 Firmendarstellung

Beispiel: Eine ausreichende Darstellung des Unternehmens ist hier anzugeben.

Die *@Muster-GmbH* ist ein System- und Softwarehaus mit ca. xxx Mitarbeitern (Stand tt.mmm.jjjj). Das Unternehmen wurde yyyy gegründet und hat sich seit diesem Zeitpunkt auf folgende Schwerpunkte konzentriert:

- Entwicklung, Vertrieb und Wartung von Standardlösungen für das Finanz- und Rechnungswesen von kleinen und mittleren Unternehmen (KMU),
- Design, Entwicklung und Einführung von kundenspezifischen Individuallösungen für kommerzielle IT-Anwendungen im Handel und Gesundheitswesen,
- Beratung und Einsatzunterstützung für Client/Server-Anwendungen, lokale Netze und Intranet-Lösungen,
- Durchführung von Kundenschulungen für Bürokommunikation, Workflow-Management und Groupware-Lösungen auf der Basis marktgängiger Produkte.

Zur Durchführung dieser Aufgaben werden Mitarbeiter mit Abschluß in Informatik, Ingenieurwissenschaft, BWL oder einer vergleichbaren Fachrichtung eingesetzt, die durchweg über eine mehrjährige Berufspraxis in der Systementwicklung verfügen. Eine ausgereifte IT-Infrastruktur mit leistungsfähigen Client/Server und Software-Tools unterstützen die Produkt- und Projektentwicklung.

Das Unternehmen und das Liefer- und Leistungsangebot der *@Muster-GmbH* sind in mehreren Dokumenten näher beschrieben.

Hierzu gehören:

Beispiele

- Unternehmensbroschüre,
- Geschäftsbericht,
- Broschüren der Geschäftsgebiete/-bereiche,
- Produktbeschreibungen,
- Liste der Referenzkunden,
- Beschreibungen zu ausgewählten Referenzprojekten.

Diese Unterlagen können in der jeweils aktuellen Fassung über die Abteilung Marketing bezogen werden.

3 Rahmen des Qualitätsmanagementsystems

3.1 Verantwortung der Geschäftsleitung

3.1.1 Qualitätspolitik

Die *@Muster-GmbH* definiert Qualität als die Summe der Eigenschaften ihrer Produkte und Dienstleistungen, die für den Kunden einen Wert darstellen, der seinen Erwartungen entspricht oder sie übertrifft. Im Rahmen der unternehmensweiten Verpflichtung zur Qualität hat sich das Unternehmen das Ziel gesetzt, allen Kunden Produkte und Dienstleistungen von höchster Qualität und größtmöglichem Wert und Nutzen zur Verfügung zu stellen.

Strategische Qualitätsziele

Die Geschäftsleitung der *@Muster-GmbH* verpflichtet sich mit den folgenden Grundsätzen zur Qualität:

- Qualität ist ein kritischer Erfolgsfaktor.
- Vorbeugen statt Fehlersuche und Fehlerfreiheit von Anfang an sind die Maxime.
- Qualität ist nicht nur eine Ausprägung der Produkte und Dienstleistungen, sondern sie bezieht sich insbesondere auf die Arbeitsweisen und -techniken in der Beratung sowie in Analyse, Design, Entwicklung und Wartung. Dafür werden Methoden, Verfahren und Werkzeuge eingesetzt, die den Kundenforderungen, den gesetzlichen Forderungen, den Normen und dem Stand von Wissenschaft und Technik entsprechen.
- Die Qualität der Dienstleistungen und Produkte wird durch Planung aller erforderlichen Maßnahmen vor und während der Auftragsabwicklung sowie durch systematische Überwachung aller Arbeitsprozesse erreicht. Im Vordergrund stehen alle Aktivitäten, die vorbeugend sind und das Auftreten von Fehlern und unwirtschaftlichen Abläufen minimieren.
- Geschultes und qualifiziertes Personal erledigt die erforderlichen Aufgaben in allen Bereichen des Unternehmens.
- Qualität wird zu Preisen realisiert, die vom Markt akzeptiert werden.

- Jeder Mitarbeiter im Unternehmen verfügt über ein hohes Qualitätsbewußtsein und betrachtet den Empfänger seiner persönlichen Leistung als Kunden.
- Das im Unternehmen vorhandene Qualitätsmanagementsystem wird kontinuierlich überwacht, verbessert, ausgebaut und langfristig sichergestellt.

Jahresziele für das Unternehmen

Im Rahmen der jährlichen Unternehmensplanung werden auf Basis dieser globalen Qualitätsziele operationalisierbare Einzelziele für das kommende Geschäftsjahr festgelegt.

Bereichsziele ableiten

Die Geschäftsbereiche im Unternehmen leiten aus den Unternehmenszielen bereichsspezifische Ziele ab, die den Aufgaben und Herausforderungen der Bereiche gerecht werden.

Die Qualitätsziele auf Unternehmens- und Bereichsebene dienen als Maßstab für die Beurteilung der regelmäßigen QM-Systemaudits.

3.1.2 Organisation

3.1.2.1 Verantwortung und Befugnisse

Die Geschäftsleitung ist für die Gesamtorganisation des Unternehmens verantwortlich. Sie bestimmt und erläßt nach Weisung und Abstimmung mit den Gesellschaftern unter anderem die Personal-, Vertriebs-, Finanz- und Qualitätspolitik. Dabei arbeitet sie eng mit den obersten Führungskräften der Bereiche zusammen. Die Führungskräfte leiten die ihnen zugeordneten Bereiche prozeßorientiert mit enger Einbindung der nächsten Führungsebene. Geschäftsleitung und Führungskräfte beraten regelmäßig über wesentliche Aspekte des Unternehmens.

qualitätsbezogene Tätigkeiten

Ein Schwerpunkt der Organisation liegt in der Zusammenarbeit aller Mitarbeiter, die leitende, ausführende und überwachende Tätigkeiten ausüben, welche die Qualität im Unternehmen beeinflussen. Dazu gehören besonders:

- die Festlegung der Qualitätsziele,
- die Veranlassung von Vorbeugungs- und Verhütungsmaßnahmen,
- die Feststellung von Qualitätsproblemen,
- die Durchführung von Programmen zur Qualitätsverbesserung.

Die Organisation der *@Muster-GmbH* ist in der folgenden Abbildung dargestellt.

Beispiel einer Organisation

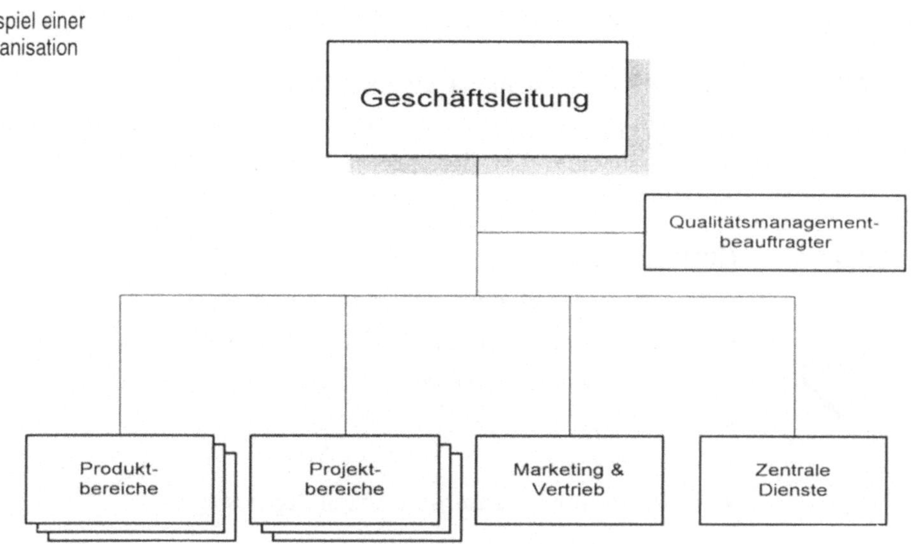

Abb 3-1: Organisation der @Muster-GmbH

Regelungen der Organisation

Die namentliche Organisation ist dem jeweils gültigen Organigramm zu entnehmen. Die Befugnisse und Verantwortlichkeiten der Aufgabenträger und Organisationseinheiten sind im Organisationshandbuch festgelegt.

3.1.2.2 Mittel und Personal

Für alle Aufgaben, welche die Qualität der Produkte und Dienstleistungen beeinflussen, wird nur ausgebildetes und qualifiziertes Personal eingesetzt. Dieses Personal wird in internen und externen Kursen und Seminaren weitergebildet. Für alle qualitätsrelevanten Tätigkeiten werden geeignete Mittel zur Verfügung gestellt.

3.1.2.3 Qualitätsmanagementbeauftragter

Der Qualitätsmanagementbeauftragte (QMB) wird von der Geschäftsleitung ernannt und ist ihr direkt zugeordnet. Er hat die Aufgabe, die Qualitätspolitik des Unternehmens in die Organisation zu implementieren und zu prüfen, daß sie auf allen Ebenen der Organisation verstanden und befolgt wird. Er berichtet darüber regelmäßig der Geschäftsleitung. Zur Unterstützung des QMB ist ein Qulitätszirkel eingerichtet (siehe Abschnitt 5.16).

3.1.3 Audit des Qualitätsmanagementsystems

internes Systemaudit

Das Qualitätsmanagementsystem (QMS) wird mindestens einmal im Jahr in einem Audit bewertet. Die Grundsätze dieser Audits sind im Abschnitt 3.3.2 geregelt.

3.1.4 Qualitätskosten

Qualitätskosten gliedern sich in die Gruppen:

- Kosten der Erstellung, Einführung und Pflege des QMS,
- Fehlerverhütungskosten,
- Prüfkosten,
- Fehlerkosten,
- Kosten für die externe Darstellung des QMS.

zentrale QMS-Kosten

Die Kosten zur Erstellung, Einführung und Pflege des QMS werden dem zentralen Qualitätswesen zugeordnet.

Fehlerverhütungs- und Prüfkosten

Fehlerverhütungs- und Prüfkosten werden im Projektrahmen erfaßt und ausgewertet, da die entsprechenden Aktivitäten, Prüfmittel, Werkzeuge usw., die in einem Projekt zu derartigen Kosten führen, direkter Bestandteil der Projektplanung, -kalkulation und -verfolgung sind.

Fehlerkosten

Fehlerkosten im Sinne von Fehlleistungsaufwand werden getrennt kontiert und vom Projektleiter bzw. Controlling monatlich gesondert ausgewertet. Dabei wird differenziert zwischen Fehlerkosten vor und nach Auslieferung an den Auftraggeber. Besonders hohe Fehlerkosten sind in der Regel Anlaß für ein außerordentliches Projekt-Review oder ein zusätzliches Audit des QMS.

externe QMS-Kosten

Kosten für die externe Darstellung des QMS umfassen:

- Präsentation des QMS vor Kunden,
- externe Zertifizierungskosten,
- besondere Qualitätsmaßnahmen für einen Kunden oder ein Projekt,
- spezielle Prüfungen durch externe Stellen.

Bewertung von Qualitätskosten

Qualitätskosten werden regelmäßig der Geschäftsleitung gemeldet und in Relation zu den Kenngrößen Gesamtumsatz und Projektumsatz / Produktumsatz gesetzt. Die Verhältnismäßigkeit der Qualitätskosten zu den direkten Projektkosten wird regelmäßig überprüft.

3.1.5 Risiko- und Kosten-/Nutzen-Betrachtung

Risikoanalyse

Alle Maßnahmen im QMS werden sorgfältig geplant und speziell auf mögliche Risiken für den Auftraggeber und das eigene Unternehmen beurteilt. Wichtige Aspekte sind dabei:

- mögliches Risiko für den Auftraggeber beim Einsatz eines Produktes oder bei Verwendung einer Dienstleistung (z.B. Risiko für Personen, Umwelt, Vermögen),
- Einbußen von Vertraulichkeit, Integrität oder Verfügbarkeit von Daten oder Systemen beim Auftraggeber,
- Unzufriedenheit des Auftraggebers,
- Beanstandungen des Auftraggebers,
- Verlust von Vertrauen,
- Ersatzansprüche des Auftraggebers,
- Verlust von Image am Markt,
- Produkthaftungsansprüche bei Folgeschäden.

Gesetze, Verordnungen, Normen usw. beachten

Diese Betrachtungen werden zum frühesten möglichen Zeitpunkt unter Beteiligung aller erforderlichen Stellen im Unternehmen angestellt. Gesetze, Normen, Kundenanforderungen und eigene Richtlinien werden dabei berücksichtigt.

Kosten-/Nutzenanalyse

Die Kosten für die Einführung und Anwendung des QMS sowie für die qualitätssichernden Maßnahmen in den Projekten werden im Rahmen des jährlichen Audits dem sich ergebenden Nutzen gegenüber gestellt. Zur Verbesserung der Effizienz und Wirtschaftlichkeit stehen bei dieser Untersuchung im Vordergrund:

- Identifikation und Aussonderung von Verfahren und Maßnahmen mit hohem formalem oder kostenintensivem Aufwand ohne ausreichend erkennbaren Nutzen (soweit dies zulässig ist),
- kontinuierliche Automatisierung der Maßnahmen und Verfahren im QMS zur Kostenersparnis und zur Vermeidung manueller Fehler,

- Verbesserung der Abläufe und Verfahren auf Grund von neuen Erkenntnissen, veränderten betrieblichen Bedingungen oder Einsatz neuer Technologien,
- Verbesserungen der Qualität der Produkte und Dienstleistungen.

3.2 Grundsätze zum Qualitätsmanagementsystem

3.2.1 Zweck und Anwendungsbereich

der Kunde steht im Vordergrund

Das Qualitätsmanagementsystem (QMS) dient der Erfüllung von Kundenerwartungen und der Vermeidung von Defekten und Verlusten infolge unzureichender Qualität in den Prozessen und Abläufen zur Erstellung eines Produktes oder einer Dienstleistung.

das ganze Unternehmen ist betroffen

Das QMS umfaßt alle Bereiche und Ebenen der Organisation, unabhängig davon, ob sie ihre Dienstleistungen direkt für den Markt oder für interne Zwecke erbringen.

Im folgenden wird der Dokumentationsaufbau des QMS beschrieben und es werden die notwendigen Maßnahmen festgelegt, die sicherstellen, daß das QMS ordnungsgemäß gepflegt wird und als Vorgabe alle Beteiligten im Unternehmen erreicht.

Anwendungsumfang des QMS

Das hier dargestellte QMS und die ergänzenden Anweisungen, Richtlinien usw. sind im Detail nicht in allen Projekten des Unternehmens in vollem Umfang anwendbar. Begründet ist dies durch den Tatbestand, daß häufig Projekte im Kundenauftrag erfolgen, insbesondere große Kundenorganisationen eigene Standards und Vorgaben zur Qualitätssicherung durch Lieferanten entwickelt haben und diese Vorgaben Vertragsbestandteil sind. In diesen Fällen müssen Abweichungen vom eigenen QMS hingenommen werden, die jedoch nicht grundsätzlicher Natur sein dürfen.

Das unternehmenseigene QMS wird in diesen Fällen wie folgt angewendet:

- als Diskussionsgrundlage mit dem Auftraggeber,
- als vertrauensbildende Maßnahme,
- als Checkliste,
- zur Füllung von Lücken in den Vorgaben des Auftraggebers.

Gravierende Abweichungen vom Unternehmensstandard, die zu Qualitätseinbußen oder -risiken führen können, ziehen im allgemeinen die Ablehnung eines Auftrages nach sich bzw. erfordern, daß entsprechende Leistungsausschlüsse oder Verantwortlichkeiten im Vertrag festgelegt werden.

3.2.2 Dokumentation des Qualitätsmanagementsystems

3.2.2.1 Dokumentationsrahmen

In der folgenden Abbildung 3-1 sind die Dokumente ausgewiesen, die im Sinne von Vorgaben und Standards das Qualitätsmanagementsystem festlegen. Entsprechend des Abstraktionsgrads und des Geltungsbereiches sind diese Dokumente der unternehmensweiten, der projektübergreifenden und der projektspezifischen Ebene zugeordnet.

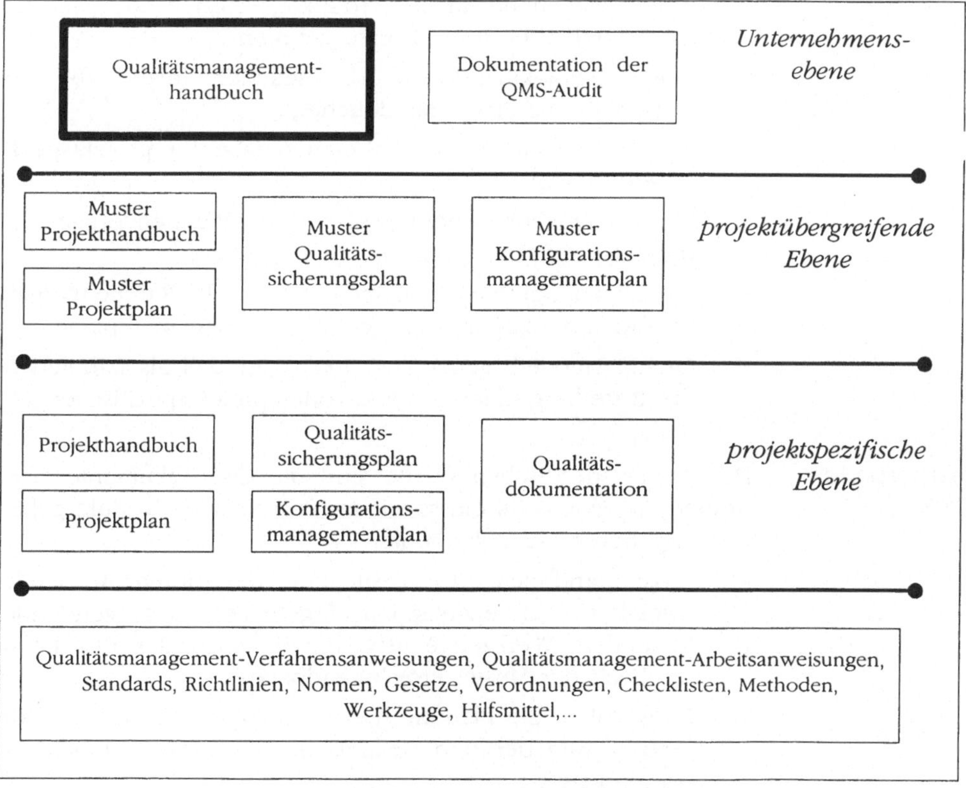

Abb. 3-2: Struktur der Dokumentation des QMS

Unternehmensebene

Zur unternehmensweiten Ebene gehören:

- das Qualitätsmanagementhandbuch mit der von der Leitung festgelegten Qualitätspolitik und
- die dokumentierten Ergebnisse der QMS-Audits.

Das Qualitätsmanagementhandbuch beschreibt das Qualitätsmanagementsystem für alle Bereiche des Unternehmens, die Dienstleistungen oder Produkte direkt oder indirekt am Markt anbieten.

QMS-Audits werden von der Geschäftsleitung periodisch veranlaßt, um die Normenkonformität, Wirksamkeit und Wirtschaftlichkeit des eingeführten Qualitätsmanagementsystems zu analysieren und zu bewerten. Die Ergebnisse werden dokumentiert.

projektübergreifende Ebene

Die projektübergreifende Ebene umfaßt die Dokumente, die ganz oder weitgehend für alle Produkte, Projekte und Dienstleistungen Gültigkeit besitzen. Hierzu gehören:

- Muster Projekthandbuch: die Rahmenvorgabe für projektspezifische Projekthandbücher,
- Muster Projektplan: die Rahmenvorgabe für projektspezifische Projektpläne,
- Muster Qualitätssicherungsplan: die Rahmenvorgabe für projektspezifische Qualitätssicherungspläne,
- Muster Konfigurationsmanagementplan: die Rahmenvorgabe für projektspezifische Konfigurationsmanagementpläne,
- Qualitätsmodell: generelles Qualitätsmodell als Rahmen für die Erstellung eines produkt- oder projektspezifischen Modells.

projektspezifische Ebene

Der projektspezifischen Ebene sind die QM-Dokumente zugeordnet, die jeweils für ein spezielles Projekt oder Produkt gelten. Hierzu gehören die Dokumente:

- Projekthandbuch: die Festlegung der durchzuführenden Aufgaben, zu erzielenden Ergebnisse, anzuwendenden Methoden, Werkzeuge usw. für ein spezielles Projekt auf der Basis des Muster Projekthandbuches,
- Projektplan: die Planung der in einem Projekt durchzuführenden Aufgaben und Meilensteine mit Zeiten, Aufwänden, Kosten usw.,
- Qualitätssicherungsplan: für ein spezielles Projekt auf der Basis des Muster Qualitätssicherungsplans,

- Konfigurationsmanagementplan: für ein spezielles Projekt auf der Basis des Muster Konfigurationsmanagementplans,
- Qualitätsdokumentation (Qualitätsaufzeichnungen): als Nachweis für die in den Projekten/Produktentwicklungen durchgeführten Qualitätsprüfungen und deren Ergebnisse (aus z.B. Messungen, Audits, Reviews, Tests).

QMV/QMA, Normen, Gesetze, ...

Die oben aufgeführten Dokumente werden auf der untersten Ebene ergänzt durch Gesetze, Verordnungen, Normen, Einzelrichtlinien, Standards, Arbeits- und Verfahrensanweisungen, Checklisten usw., auf die in den übergeordneten Dokumenten verwiesen wird. Qualitätsmanagement-Verfahrensanweisungen (QMV) und Qualitätsmanagement-Arbeitsanweisungen (QMA) sind Anweisungen mit qualitätsrelevanter Bedeutung auf der Ebene der Verfahren und Arbeitsschritte.

Zugriff auf QMS-Dokumente

Auf die QMS-Dokumente der Unternehmensebene, der projektübergreifenden Ebene sowie auf die Verfahrens- und Arbeitsanweisungen, Gesetze, Normen usw. haben alle Mitarbeiter Zugriff.

Die Dokumente der projektspezifischen Ebene stehen den Projektmitarbeitern entsprechend ihrer Projektaufgabe zur Verfügung.

3.2.2.2 Qualitätsmanagementhandbuch

Das QMH beschreibt den Aufbau und den Geltungsbereich des Qualitätsmanagementsystems sowie die Abläufe, Verfahren und Verantwortlichkeiten zu den Qualitätsmanagementelementen, die in der DIN EN ISO 9001 ausgewiesen sind. Das QMH ist vom Qualitätsmanagementbeauftragten (QMB) unter Mitwirkung der Geschäftsbereiche und der Leitung erstellt.

Notwendige Änderungen werden in einem kontrollierten Änderungsmanagement, wie es auch für alle Projekte gilt, durchgeführt. Änderungen, die grundsätzlichen Charakter haben, bedürfen der vorherigen Genehmigung durch die Geschäftsleitung.

Gründe für Änderungen können sein:

Änderung des QMH

- organisatorische Änderungen,
- Änderungen in den Betriebsabläufen,
- Ergebnisse aus den internen Audits des QMS,
- Ergebnisse aus externen Audits und Projekt-Audits,
- Vorschläge zu Verbesserungs- und Korrekturmaßnahmen,

- Änderungen oder Erweiterungen der Normenreihe DIN EN ISO 9000.

Der jeweilige Ausgabestand des QMH wird im Titelblatt als Versionsnummer ausgewiesen. Die Erstausgabe erhält die Version 1.0, folgende Gesamtausgaben die Nummern 2.0, 3.0, 4.0 usw. Änderungen kleineren Umfangs werden mit 1.1, 2.4 usw. gekennzeichnet. Gesamtausgaben werden von der Geschäftsleitung genehmigt und entsprechend in Kapitel 1.2 dokumentiert. Die Freigabe von Unterversionen erfolgt durch den QMB und wird im Änderungsnachweis dokumentiert.

Das QMH wird vom QMB als überwachte und nicht überwachte Exemplare herausgegeben. Überwachte Exemplare sind numeriert, unterliegen dem Änderungsmanagement und werden nur innerhalb der *@Muster-GmbH* wie folgt verteilt:

Beispiel für Verteiler

- Geschäftsleitung,
- Bereichsleiter,
- Qualitätsmanagementbeauftragter,
- Qualitätssicherer,
- Projektleiter,
- Entwickler.

Bei Bedarf werden überwachte Exemplare auch an externe Stellen herausgegeben (z.B. an Kunden, Sachverständige, Auditoren). Dies erfolgt gegen Empfangsbestätigung und mit einer zeitlichen Befristung.

Änderungen zu überwachten Exemplaren werden wie folgt durchgeführt:

- als einzelne neue oder auszutauschende Seiten mit einem Änderungsnachweis,
- durch Herausgabe einer neuen Gesamtausgabe.

Ungültig gewordene Seiten und Ausgaben werden vernichtet.

Archivierung

Der QMB archiviert jeweils ein Exemplar des ungültig gewordenen QMH 10 Jahre lang. Nicht überwachte Exemplare unterliegen nicht dem Änderungsmanagement. Sie werden bei Bedarf an interne und externe Stellen herausgegeben. Grundsätzlich erfolgt die Verteilung aller QMH-Exemplare durch den QMB auf Anforderung der Bereiche. Der QMB führt eine Liste aller Empfänger.

3.2.2.3 Muster Projekthandbuch

Das Muster-Projekthandbuch ist eine generische Vorgabe für die projektspezifischen Projekthandbücher. Es besteht aus einer vorgegebenen Gliederung und Vorgaben zu den Aktivitäten und Produkten, die in einer Systementwicklung nach dem gewählten Vorgehensmodell (V-Modell) durchzuführen bzw. zu erstellen sind.

3.2.2.4 Muster Projektplan

Der Muster-Projektplan legt fest, welche grundsätzlichen Planungs- und Kontrollelemente in einem Projekt anzuwenden sind. Zu den Elementen des Projektmanagements gehören z.B.:

- Projektstrukturplan,
- Produktstrukturplan,
- Netzplan,
- Zeit-Meilensteineplan
- Soll-/Ist-Vergleich usw.

3.2.2.5 Muster Qualitätssicherungsplan

Der Muster-Qualitätssicherungsplan ist eine Vorgabe und ein Muster für projektspezifische Qualitätssicherungspläne. Er besteht aus einer vorgegebenen Gliederung und den Standards, Richtlinien, Verfahrensanweisungen und Arbeitsanweisungen, die in einem Projekt grundsätzlich angewendet werden. Im Rahmenplan sind folgende Punkte festgelegt oder es wird auf sie verwiesen:

- grundsätzliche Qualitätsziele,
- Management (Organisation, Verantwortlichkeiten, Aufgaben),
- Rahmenkriterien für die Vorgaben und Ergebnisse der Entwicklungsphasen,
- Rahmen der Test-, Verifizierungs- und Validierungsmaßnahmen,
- Grundsätze der Verantwortlichkeiten für:
  - Reviews, Audits, Prüfungen und Tests,
  - Konfigurationsmanagement,
  - Änderungsmanagement,
  - Projektmanagement.

3.2.2.6 Muster Konfigurationsmanagementplan

Der Muster-Konfigurationsmanagementplan enthält den Rahmenplan für projektspezifische Konfigurationsmanagementpläne.

Der Rahmenplan legt grundsätzlich fest, wie die Versionen und Varianten der Produkte einer Systementwicklung (Hardware, Software, Dokumente usw.) identifiziert und verwaltet werden. Dazu gehört auch die Festlegung eines kontrollierten Änderungsmanagements.

3.2.2.7 Projekthandbuch

Das Projekthandbuch ist eine Instantiierung des generischen Muster-Projekthandbuches für ein konkretes Projekt / eine Produktentwicklung. Es definiert (für ein Projekt) ein Entwicklungsprogramm mit den entwicklungsbezogenen Aktivitäten, Vorgehensweisen, Verfahren, Methoden, Werkzeugen usw. Das Projekthandbuch umfaßt folgende Punkte:

- Festlegung des Projektes,
- Bezugsdokumente,
- Liste der vertragsrelevanten Dokumente,
- Planung der Projektmittel (Organisation, Lieferanten, Personal, Werkzeuge, Hilfsmittel usw.),
- Festlegung der Entwicklungsschritte nach dem ausgewählten Vorgehensmodelll mit den Vorgaben und Ergebnissen der Aktivitäten,
- Software-Engineeringkonzept, Entwicklungsmethoden und -werkzeuge,
- Rahmen für Projektmanagement, Qualitätssicherung und Konfigurationsmanagement.

3.2.2.8 Projektplan

Im Projektplan werden die Planungsdaten eines Projektes festgelegt. Typische Planungselemente sind:

- Projekt- und Produktstrukturplan,
- Netzplan,
- Zeit-/Meilensteinplan,
- Aufwands- und Kostenplan,
- Personaleinsatzplan

Im Projektplan werden nicht nur die Aktivitäten der Systementwicklung sondern auch die der Qualitätssicherung und des Konfigurationsmanagements aufgeführt.

3.2.2.9 Qualitätssicherungsplan

Für jedes Projekt wird – soweit vorgegebene Kriterien erfüllt sind – ein auftragsspezifischer Qualitätssicherungsplan erstellt. Die wichtigsten Kriterien sind:

- ein Qualitätssicherungsplan ist vom Kunden gefordert,
- es liegt ein Realisierungsauftrag mit einem Aufwand ab x Mannjahren vor,
- der Auftrag enthält besonders kritische Elemente wie z.B.:
  - technische Komplexität,
  - sicherheitskritische Aufgaben (z.B. bei Gefahr für Güter, Umwelt oder Menschen, Vermögensschäden, Datenschutz),
  - besondere Anforderungen an z.B. Verfügbarkeit, Antwortzeitverhalten oder Projekttermine.

Beispiele

Die Entscheidung, ob ein projektspezifischer QS-Plan zu erstellen ist, wird in der Angebotsphase getroffen und im Angebot bzw. Vertrag dokumentiert. Wird kein spezieller QS-Plan erstellt, so wird in einer Checkliste angegeben, welche Elemente des QMS im betroffenen Projekt wie praktiziert werden. Kann das QMS nicht in allen Teilen in einem Projekt angewendet werden (weil z.B. der Kunde andere Vorgaben gestellt hat), so wird dies in einem internen Anhang zum Angebot bzw. Vertrag dokumentiert. Bei Beratungs- und Unterstützungsaufträgen wird grundsätzlich kein Qualitätssicherungsplan erstellt. Die Grundsätze des QMS werden jedoch auch in diesen Aufträgen angewendet.

Der Qualitätssicherungsplan ist eine Instantiierung des generischen Qualitätsmanagementrahmenplans für ein Projekt oder eine Produktentwicklung. Er definiert für ein Vorhaben ein Qualitätsprogramm um sicherzustellen, daß die geforderte Qualität in die Maßnahmen zur Produktion und Kontrolle der Software eingeht. In diesem Plan werden in Detaillierung des QMH bzw. Muster-Qualitätssicherungsplans folgende Punkte festgelegt oder es wird auf sie verwiesen:

- Geltungsbereich und Bezugsdokumente,
- Qualitätsziele,

- spezifische Qualitätsforderungen (Qualitätsmerkmale, -maße und -eigenschaften, die im Auftrag gefordert sind),
- Management (Organisation, Verantwortlichkeiten, Aufgaben),
- Kriterien für die Vorgaben und Ergebnisse der Entwicklungsphasen (z.B. Abnahmekriterien),
- Test-, Verifizierungs- und Validierungsmaßnahmen,
- Normen, Praktiken und Konventionen,
- Techniken, Methoden und Werkzeuge,
- Verfahren und Verantwortlichkeiten für:
  - Reviews, Audits, Tests usw.,
  - Konfigurationsmanagement,
  - Änderungsmanagement,
  - Komponenten- und Systemfreigabe,
  - Kontrolle der Beschaffungen und Beistellungen,
  - Datenträgerverwaltung und Archivierung.

3.2.2.10 Konfigurationsmanagementplan

Der projektspezifische Konfigurationsmanagementplan regelt, wie in einem konkreten Projekt die Planung, Steuerung und Verwaltung der Konfigurationslemente des Projektes (Hardware, Software, Dokumente, ...) erfolgt und wie das Änderungsmanagement durchgeführt wird.

Ein Konfigurationsmanagementplan ensteht durch Anpassung des generischen Muster-Konfigurationsmanagementplans an die projektspezifischen Gegebenheiten und Randbedingungen.

3.2.2.11 Qualitätsmodell

Dieses QMS-Dokument beschreibt ein generelles Qualitätsmodell als Rahmen und Muster für die Erstellung eines produkt- oder projektspezifischen Modells. Das Modell zerlegt den allgemeinen Qualitätsbegriff durch ein mehrstufiges Ableiten von Unterbegriffen hin zu elementaren Qualitätsmerkmalen (Produkt- oder Prozeßmerkmale).

Messen, Beurteilen, Vorhersagen

Den elementaren Merkmalen sind (gegebenenfalls alternative) meß- und bewertbare Kenngrößen (Qualitätsmaße) und geeignete Methoden, Verfahren und Werkzeuge zu ihrer Ermittlung und Bewertung zugeordnet. In Abhängigkeit von den in einem Projekt gestellten Qualitätsforderungen werden aus dem Qualitätsmodell geeignete Qualitätsmerkmale ausgewählt und im projektspezifischen Qualitätssicherungsplan dokumentiert. Hierzu gehört auch die Festlegung von Metriken zur Beurteilung der Erfüllungsgrade der Forderungen und deren relativer Gewichtung. Während in vielen Fällen nur qualitative Gesamtbeurteilungen von Merkmalen einer Software möglich sind, werden für bedeutsame Qualitätsmerkmale Quantifizierungen vorgenommen.

3.2.2.12 Qualitätsdokumentation

Diese Aufzeichungen dienen dem Nachweis der Qualitätssicherungsaktivitäten in einem Projekt oder einer Produktentwicklung. Sie dokumentieren die Durchführung der vorgeschriebenen Prüfungen und deren Ergebnisse.

3.2.3 Dokumentationsänderungen

Änderungen in den Dokumenten zum QMS werden nach dem auch für Projekte gültigen Änderungsmanagement (siehe Abschnitt 5.2) durchgeführt und kontrolliert. Die Kennzeichnung und Verteilung der Änderungen erfolgt nach dem in 5.5 beschriebenen Verfahren.

3.3 Qualitätsaudits

3.3.1 Zweck und Anwendungsbereich

Audits haben das Ziel, die Einhaltung des QMS zu überprüfen und die Wirksamkeit und Wirtschaftlichkeit des eingeführten Systems zu bewerten. Zeigt sich, daß Lücken oder Mängel im QMS bestehen oder das QMS nur teilweise oder fehlerhaft angewendet wird, so werden Maßnahmen zur Verbesserung oder Korrektur ergriffen. Derartige Maßnahmen sind häufig im Bereich der Schulung und der psychologischen Maßnahmen (z.B. bei fehlender Akzeptanz des QMS) angesiedelt. Sind Wirksamkeit und Wirtschaftlichkeit nicht ausreichend gegeben, so werden die betroffenen Prozesse und die anhängenden Verfahren, Methoden, Werkzeuge usw. kritisch überprüft.

Audits führen zu Verbesserungen

Die Notwendigkeit für Korrekturmaßnahmen ist grundsätzlich nicht negativ zu bewerten. Organisationsänderungen, Fortschritte in Wissenschaft und Technik, neue Geschäftsfelder oder neue Erfahrungen sind z.B. „natürliche“ Anlässe für ein Fortschreiben des QMS. Ein QMS ist nicht statisch, sondern es lebt.

3.3.2 Audit des Qualitätsmanagementsystems

Das Qualitätsmanagementsystem wird mindestens einmal im Jahr einem internen Audit unterzogen und von der Geschäftsleitung zusammenfassend bewertet.
Ziel dieser Audits ist die Überprüfung der Wirksamkeit und Wirtschaftlichkeit des dokumentierten QMS. Dies erfolgt durch Analyse und Beurteilung der:

- internen und externen Reviews der Projekte,
- Bewertungen der Führungskräfte,
- Bewertungen der Projektleiter,
- Bewertungen des Vertriebs, des Marketing und der Verwaltung,
- Stellungnahmen der Kunden,
- Ergebnisse und Empfehlungen des Qualitätszirkels.

Die Audits beziehen sich auf:

- die Aufbauorganisation und die Angemessenheit von Personal und Mittel,
- den Aufbau und den Grad der Verwirklichung des QMS (Qualitätsreifegrad),
- den erreichten Kundenfocus,
- den Grad der Einbeziehung der Mitarbeiter in das Qualitätswesen,
- die erreichte Qualität der Projekte/Produkte bzgl. der Qualitätsforderungen,
- die Einhaltung gesetzlicher Forderungen, Normen, Standards usw.,
- die Wirtschaftlichkeit des QMS,
- Korrekturnotwendigkeiten und Verbesserungsmöglichkeiten.

Auditleiter

Der Qualitätsmanagementbeauftragte (QMB) übernimmt als Auditleiter die Vorbereitung, Organisation, Überwachung und Dokumentation des Audit. Er legt den Termin für das Audit fest, bestimmt die Auditoren und unterweist sie in einer internen Schulung in die Vorgehensweise anhand von Checklisten.

Audit-Bericht

Die von den Auditoren erstellten Berichte werden vom QMB gesammelt und in einem zusammenfassenden Audit-Bericht ausgewertet. Dieser Bericht enthält insbesondere Vorschläge für erforderliche Ausbau- und Korrekturmaßnahmen zum QMS. Die

Durchführung der beschlossenen Ausbau- und Korrekturmaßnahmen wird mit den betroffenen Fachbereichen/-gruppen abgestimmt. In wesentlichen Fällen wird die Geschäftsleitung eingeschaltet. Grundsätzlich wird ein Folge-Audit durchgeführt, in dem überprüft wird, ob zuvor erkannte Mängel beseitigt wurden.

Bewertung durch die Leitung

Die Ergebnisse der Audits werden der Geschäftsleitung vorgestellt. Die abschließende Gesamtbewertung des QMS erfolgt durch die Geschäftsleitung nach Maßgabe der Qualitätspolitik und der Qualitätsziele. Auditberichte (Einzelberichte und die Zusammenfassung) werden vom QMB archiviert.

3.3.3 Projektspezifische Audits

Projektspezifische Audits sind Audits, die z.B. auf Initiative des QMB oder eines Projektleiters für ein bestimmtes Projekt durchgeführt werden (sie sind somit nicht deckungsgleich mit den Reviews und Prüfschritten, die im normalen Projektablauf vom Qualitätswesen des Projektes oder des Kunden durchgeführt werden). Mögliche Anlässe für ein projektspezifisches Audit sind:

- in der Angebotsphase bei besonderen Problemen (z.B. bei unklarer Aufgabenstellung, unscharfen Qualitätsforderungen),
- in der Durchführungsphase bei gravierenden Abweichungen von der Projektplanung (z.B. kritischer Zeitverzug, erheblicher Mehraufwand, besondere Fehlerhäufung nach Quantität oder Art),
- vor Übergabe des Leistungsgegenstandes an den Kunden zur Beurteilung der Abnahme- und Gewährleistungsrisiken,
- während der Gewährleistungsfrist bei besonderen Problemen,
- nach Ablauf der Gewährleistungsfrist im Rahmen der Nachkalkulation.

Der Qualitätsmanagementbeauftragte übernimmt die Vorbereitung, Organisation, Überwachung und Dokumentation der Projektaudits. Er legt den Termin für das Audit fest und unterweist die Auditoren. Die Ergebnisse des Projektaudits und die ergriffenen Maßnahmen werden mit dem Bereichsleiter und dem Projektleiter abgestimmt und in der Projektakte dokumentiert. In einem Folge-Audit wird überprüft, ob und wie erkannte Probleme abgestellt worden sind.

3.3.4 Reviews mit dem Auftraggeber

Reviews mit dem Auftraggeber werden z.B. zu folgenden Zeitpunkten durchgeführt:

- in der Akquisitionsphase, um das Vertrauen des Auftraggebers in das Unternehmen zu stärken,
- im Rahmen von Vertragsverhandlungen, um die Wirksamkeit des QMS für ein konkretes Projekt darzustellen,
- während der Projektabwicklung, um den erreichten Projektstand zu verifizieren,
- nach Projektabschluß, um den erreichten Qualitätsstand transparent zu machen.

Derartige Reviews sind im allgemeinen kunden- oder projektspezifisch.

3.3.5 Berichterstattung

Der QMB erstellt für die Geschäftsleitung den Bericht über ein QMS-Audit unmittelbar nach dessen Abschluß. Über durchgeführte Projekt-Audits und Reviews mit dem Auftraggeber berichtet der QMB der Geschäftsleitung in wichtigen Fällen.

3.3.6 Archivierung

Die Auditberichte zum QMS archiviert der QMB für 10 Jahre. Die Berichte zu Projekt-Audits und Reviews mit den Auftraggebern werden in der jeweiligen Projektakte abgelegt. Der QMB führt eine Übersichtsliste der in den letzten 10 Jahren durchgeführten Audits und Reviews.

3.4 Korrekturmaßnahmen

3.4.1 Zweck und Anwendungsbereich

Verfahren zur Erkennung und Durchführung von Korrekturmaßnahmen dienen den Zielen, einen Mangel möglichst rasch und kostengünstig zu beheben und Wiederholungsfehler zu vermeiden. Korrekturmaßnahmen können sich beziehen auf:

- einen grundsätzlichen Mangel im QMS,
- eine mangelhafte oder unzureichende Anwendung des QMS in einem Projekt,
- einen projektspezifischen Mangel bzgl. der jeweiligen Qualitätsforderungen.

QMS-Audit
Projekt-Audit

Grundsätzliche Mängel im QMS werden in wichtigen Fällen sofort, ansonsten im Rahmen der regelmäßigen QMS-Audits behandelt. Die mangelhafte oder unzureichende Anwendung des QMS in einem Projekt ist Gegenstand eines unmittelbaren Projekt-Audits. Die folgenden Abschnitte beziehen sich nur auf Mängel, die im QMS selbst begründet sind oder die auf der nicht korrekten Anwendung des QMS in einem Projekt beruhen. Projektspezifische Fehler und Mängel werden im jeweiligen Projekt erkannt und behoben.

3.4.2 Fehlermeldung und -analyse

Treten Fehler oder Mängel auf, die im QMS selbst oder seiner Anwendung in einem Projekt begründet sind, werden diese dem QMB gemeldet. Dieser leitet eine Analyse ein. Quellen für die Fehlererkennung sind z.B. QMS-Audits, Projektaudits, Kundenreklamationen sowie die kontinuierlichen Messungen und Beurteilungen der Dienstleistungsprozesse und der erreichten Produktmerkmale.

3.4.3 Ursachenanalyse und Planung

Steht die Ursache für einen Fehler/Mangel fest, leitet der QMB geeignete Korrekturmaßnahmen ein, wenn es sich um einen Fehler oder Mangel im QMS handelt. In projektspezifischen Fällen ist der Projektleiter mit Unterstützung des QMB für die entsprechenden Korrekturmaßnahmen verantwortlich.

Kann eine Korrektur nicht mit Sofortmaßnahmen umgesetzt werden, so wird ein Qualitätsverbesserungsprojekt eingerichtet.

3.4.4 Durchführung der Korrektur

Liegt der Mangel im QMS, so wird dieses geändert oder erweitert. Ist dabei das QMH betroffen, so wird nach 3.2.2.2 und 5.2 verfahren.

Änderungen in anderen Dokumenten des QMS werden entsprechend Abschnitt 5.2 behandelt. Dies gilt insbesondere für Qualitätsmanagement-Verfahrensanweisungen (QMV) und Qualitätsmanagement-Arbeitsanweisungen (QMA).

Handelt es sich um eine mangelhafte oder unzureichende Anwendung des QMS in einem Projekt, so werden projektspezifische Maßnahmen ergriffen, die den Mangel beseitigen und Wiederholungen im Projekt vermeiden.

3.4.5 Überwachungsmaßnahmen

Sind Korrekturmaßnahmen festgelegt, so werden gleichzeitig Überwachungsmaßnahmen festgelegt, um zu gewährleisten, daß die Korrekturmaßnahmen durchgeführt und wirksam werden. Die Durchführung und die erzielten Ergebnisse werden dokumentiert.

3.5 Qualitätsverbesserungen

3.5.1 Zweck und Anwendungsbereich

Qualitätsverbesserungen können sich auf die Qualitätsmerkmale einer konkreten Software oder auf die Qualität der Prozesse zur Erstellung der Software beziehen. Der letzte Bereich ist meist der wichtigere, da er alle Software-Entwicklungen betrifft und automatisch auch zu einer höheren Qualität der Software-Produkte führt.

Qualitätsverbesserungen in diesem Sinne sollen die Arbeitsprozesse und die Arbeitsergebnisse stetig effizienter und wirtschaftlicher gestalten und durch vorbeugende Maßnahmen verhindern, daß Mängel überhaupt auftreten können. Um diese Ziele zu erreichen, werden Maßnahmen ergriffen, die eine kontinuierliche Zielannäherung ermöglichen.

3.5.2 Planung und Durchführung

Maßnahmen zur Qualitätsverbesserung

Die Maßnahmen zur Qualitätsverbesserung umfassen:

- den stufenweisen Ausbau des QMS in Tiefe und Breite,
- die Ausbildung und Schulung der Mitarbeiter,
- die Unterstützung und Beratung der Projekte durch den QMB,
- die Mitarbeit der Projektteams bei der Erstellung des QMH und insbesondere der QMV und QMA,
- die Einführung eines Qualitätszirkels,
- die Durchführung von QMS- und Projekt-Audits,
- die Durchführung von Audits des QMS durch externe Experten,
- die Zertifizierung des QMS durch eine akkreditierte Zertifizierungsstelle,
- die regelmäßige Auswertung der Qualitätsdokumentation der Projekte und der Kundenberichte,

- die regelmäßige Messung und Beurteilung der erreichten Qualitätsmerkmale in den Projekten,
- die Untersuchung von Verbesserungsmöglichkeiten und Alternativen im Entwicklungsablauf (z.B. durch Einsatz von neuen Methoden, Werkzeugen usw.).

Q-Projekt

Für umfangreichere Maßnahmen wird ein Qualitätsverbesserungsprojekt initiiert, das in folgenden Schritten durchgeführt wird:

- Überprüfen des derzeitigen Status,
- Festlegung der Zielsetzungen des Qualitätsverbesserungsprojektes,
- Spezifikation der Verbesserungsmaßnahmen,
- Umsetzung der spezifizierten Maßnahmen (Implementierung),
- Anwendung der Maßnahmen (ggf. zunächst in Pilotanwendungen),
- Erfassung, Analyse und Beurteilung der erzielten Ergebnisse,
- Nachbesserung soweit notwendig,
- Standardisierung und Dokumentation der Verbesserung (z.B. im QMH oder in einer QMV bzw. QMA).

Dieses Verfahren ist iterativ, d.h. eine erreichte Verbesserung ist nach ihrer Einführung erneut Gegenstand von möglichen Verbesserungsmaßnahmen.

4 Lebenszyklustätigkeiten im QMS

4.1 Zweck und Anwendungsbereich

In diesem Abschnitt sind die Grundsätze der qualitätsrelevanten Maßnahmen und Verfahren dargestellt, die im QMS für die Lebenszeit eines Projektes festgelegt sind (die entwicklungsbegleitenden Aktivitäten sind in den Abschnitten 5 und 6 ausgewiesen). Durch die Anwendung dieser Grundsätze wird sichergestellt, daß die in einem Projekt gestellten Qualitätsforderungen erfüllt werden, die Projektentwicklung jederzeit transparent ist und im Zeit- und Kostenrahmen verbleibt.

Eine grundsätzliche Problematik liegt zunächst darin, daß am Markt zahlreiche Entwicklungsmodelle für die Strukturierung einer Projektentwicklung existieren. Je nach Kunde sind in den Ausschreibungen bzw. Verträgen spezielle Modelle vorgegeben, die für die Projektabwicklung verbindlich sind.

Beispiele Entwicklungsmodelle

Einige typische Beispiele sind:

- Entwicklungsstandard für IT-Systeme des Bundes, Vorgehensmodell (V-Modell),
- Phasenmodell nach BVB (Besondere Vertragsbedingungen der öffentlichen Hand),
- Vorgehensmodell des Bundesamt für Wehrtechnik und Beschaffung (BWB im BMVg),
- Merise (ein weit verbreiteter Standard in Frankreich),
- System Development Lifecycle (Sema Group, England),
- SSADM (ein weit verbreiteter Standard in England),
- EuroMethod (EUREKA-Projekt der Europäischen Union),
- Boehm' sches Spiralmodell,
- Objektorientierte Entwicklungsmodelle,

gegebenenfalls in Kombination mit:

Beispiele Prototyping

- vorgeschaltetem Prototyping,
- iterativem Prototyping,
- evolutionärem Prototyping.

V-Modell als Referenzmodell

Der Entwicklungsstandard für IT-Systeme des Bundes, Vorgehensmodell (V-Modell), wurde im vorliegenden QMH als Referenzmodell gewählt. In der folgenden Abbildung 4-1 wurde das Referenzmodell in Relation zu einigen Modellen gesetzt, die oben bereits angeführt sind. Die horizontalen Linien in der Abbildung verdeutlichen in vereinfachter Form die inhaltlichen Schwerpunkte der jeweiligen Hauptaktivitäten untereinander. Dabei ist aus Gründen der Übersichtlichkeit nicht berücksichtigt, daß sich in der Praxis meist kein rein linearer Ablauf ergeben wird.

Rücksprünge in eine frühere Phase/Hauptaktivität und zeitliche Überschneidungen sind häufig nicht zu vermeiden. Dies stellt dann besonders hohe Anforderungen an das Projektmanagement und das Qualitätsmanagement.

Zusätzliche Aktivitäten des Referenzmodells

In den folgenden Abschnitten wird das Referenzmodell aus Sicht der Systementwicklung und der Qualitätssicherung dargelegt. Da das V-Modell bereits in die Angebotsphase miteinbezogen werden kann, wird zusätzlich zu den eigentlichen Hauptaktivitäten der Systemerstellung die Hauptaktivität „Vorlauf" beschrieben. Außerdem werden noch die Hauptaktivität „Annahme und Abnahme" und „Wartung und Pflege" integriert. Diese zusätzlichen Hauptaktivitäten sind in der Tabelle grau hinterlegt.

Welches konkrete Vorgehensmodell in einem Projekt zur Anwendung kommt, wird in der Angebotsaufforderung, im Angebot oder im Auftrag festgelegt.

Der Entwicklungsstandard für IT-Systeme des Bundes, Vorgehensmodell (V-Modell) ist im Abschnitt „Einführung in das V-Modell" beschrieben. Dieser Abschnitt befindet sich im Anhang zu diesem Buch.

V-Modell	**Phasenkonzept BVB**	**MERISE**	**System Development Lifecycle**
Vorlauf mit: - Angebotsaufforderung - Angebotserstellung - Vertragsabschluß - Entwicklungsplanung - Qualitätsplanung			
SE1: System-Anforderungsanalyse	Verfahrensidee	Master Plan	Initial Analysis
	Ist-Analyse	Preliminary Study	Requirement Specification
	Forderungen		Functional Specification
SE2: System-Entwurf	Grobkonzept	Detailed Study	
SE3: SW-/HW-Anforderungsanalyse	Fachliches Feinkonzept	Technical Study	Technical Design
SE4: SW-Grobentwurf			
SE5: SW-Feinentwurf	DV-technisches Feinkonzept		
SE6: SW-Implementierung	Programmierung	Code Production	Program Development
SE7: SW- Integration	Integration und Systemtest		Program Testing
			Integration Testing
SE8: System-Integration			System Testing

Abb. 4-1: Vergleich gängiger Entwicklungsmodelle

V-Modell	**Phasenkonzept BVB**	**MERISE**	**System Development Lifecycle**
Annahme und Abnahme	Verfahrenstest		Acceptance
SE9: Überleitung in die Nutzung	Schulung	Implementation	Commissioning and Implementation
	Einführungs-vorbereitung		
	Verfahrens-einführung		
Wartung und Pflege	Wartung und Pflege	Maintenance	Maintenance

Abb. 4-1: Vergleich gängiger Entwicklungsmodelle (Fortsetzung)

Referenzmodell und DIN EN ISO 9001

Die zeitliche Lage der Qualitätsmanagementelemente der DIN EN ISO 9001 zu diesem Referenzmodell ist in Abbildung 4-2 dargestellt.

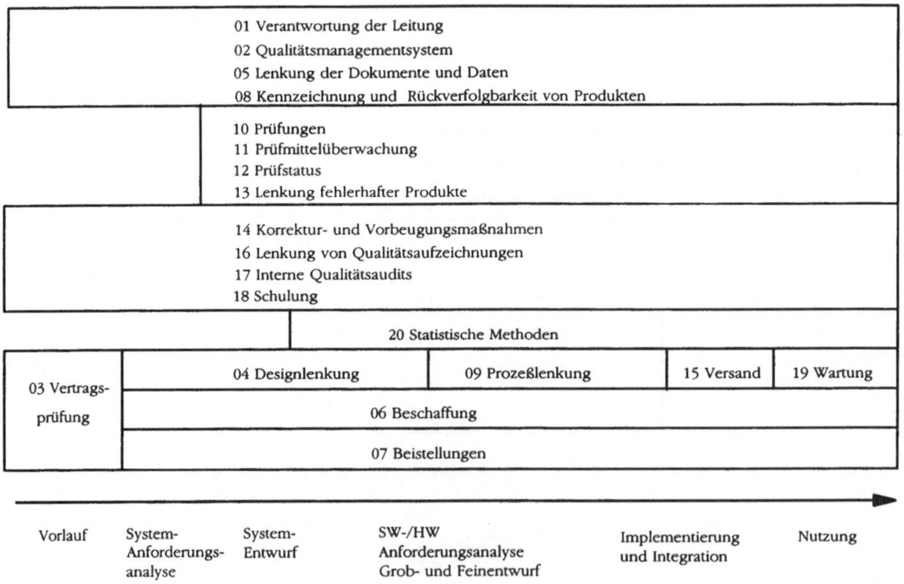

01 Verantwortung der Leitung
02 Qualitätsmanagementsystem
05 Lenkung der Dokumente und Daten
08 Kennzeichnung und Rückverfolgbarkeit von Produkten

10 Prüfungen
11 Prüfmittelüberwachung
12 Prüfstatus
13 Lenkung fehlerhafter Produkte

14 Korrektur- und Vorbeugungsmaßnahmen
16 Lenkung von Qualitätsaufzeichnungen
17 Interne Qualitätsaudits
18 Schulung

20 Statistische Methoden

03 Vertrags-prüfung
04 Designlenkung
09 Prozeßlenkung
15 Versand
19 Wartung
06 Beschaffung
07 Beistellungen

Vorlauf
System-Anforderungs-analyse
System-Entwurf
SW-/HW Anforderungsanalyse Grob- und Feinentwurf
Implementierung und Integration
Nutzung

Abb. 4-2: Qualitätsmanagementelemente nach DIN EN ISO 9001 im V-Modell

4.2 Vorlauf

4.2.1 Zweck und Anwendungsbereich

Der Vorlauf umfaßt die Tätigkeiten, die vor der eigentlichen Systementwicklung durchgeführt werden. Er beinhaltet die Aktivitäten der Angebotserstellung bis zur Auftragserteilung und die ersten planerischen Aufgaben zum Projektmanagement, der Qualitätssicherung, dem Konfigurationsmanagement und der Systemerstellung. Im konkreten Fall können einzelne Aktivitäten entfallen (z.B. bei internen Entwicklungsaufträgen). Ebenso hängt es vom konkreten Auftrag ab, mit welcher Hauptaktivität das Projekt beginnt bzw. welche Projektaufgaben z.B. vom Auftraggeber selbst durchgeführt werden.

4.2.2 Angebotsaufforderung

Eine interne oder externe Angebotsaufforderung ist in der Regel das auslösende Element für die folgenden Aktivitäten. Bei internen Entwicklungsvorhaben ist dies im allgemeinen eine Produktidee, die z.B. vom Marketing oder der Forschungs- und Entwicklungsabteilung vorgetragen wird. Der Eingang einer Angebotsaufforderung wird dokumentiert.

4.2.3 Angebotserstellung und -prüfung

4.2.3.1 Zweck und Anwendungsbereich

Der folgende Abschnitt legt fest, daß wesentliche Qualitätsaspekte bereits in der Phase der Angebotserstellung beachtet werden, damit in der späteren Projektdurchführung möglichst keine überraschenden Negativeffekte auftreten. Dies betrifft sowohl die spezifischen Qualitätseigenschaften der zu erbringenden Dienstleistung bzw. des zu erstellenden Systems als auch die allgemeinen Qualitätseigenschaften. Wie umfangreich und detailliert diese Betrachtungen bei der Angebotserstellung sind, hängt von mehreren Faktoren ab:

Qualitätsaspekte Angebotserstellung

- Art der Vorgaben (z.B. Projekthandbuch, Anwenderforderungen, Pflichtenheft, Lastenheft, Fachkonzept, DV-Konzept, Softwarespezifikation),
- Qualität der Vorgaben des Auftraggebers,

- Art der anzubietenden Dienstleistung (z.B. Beratung, Unterstützung, Softwareentwicklung, Schulung, Integration, Lieferung einer Standardsoftware),
- Vorgaben des Auftraggebers zum Projektmanagement,
- Vorgaben des Auftraggebers zum Qualitätsmanagement und zur Qualitätsmanagementdarlegung (Qualitäts-sicherung),
- Vorgaben des Auftraggebers zum Konfigurationsmanagement,
- Vorgaben des Auftraggebers zum Vorgehensmodell bei der Systemerstellung,
- Festlegung der allgemeinen und speziellen Qualitätsmerkmale, -maße und -forderungen durch den Auftraggeber,
- Festlegung der Abnahmekriterien in der Angebotsaufforderung,
- Preistyp des Auftrags (z.B. Festpreis, Abrechnung nach Aufwand, Gebühren für Systemlizenzen),
- Vertragstyp (z.B. Werkvertrag, Dienstleistungsvertrag, Lizenzerteilung, Erteilung von Nutzungsrechten).

Durch eine entsprechende Analyse und Beurteilung wird diesen Aspekten bei jeder Angebotserstellung Rechnung getragen.

4.2.3.2 Qualitätsrelevante Angebotsspunkte

Qualitätsrelevante Angebotspunkte lassen sich konkret nur für das jeweilige Angebot feststellen. Sie werden vom verantwortlichen Vertrieb und Fachbereich, der das Angebot erstellt, spezifisch untersucht und beurteilt. Grundsätzliche Aspekte, die im Rahmen einer Angebotserstellung immer beachtet werden, sind:

Grundsätzliche Angebotspunkte

- genaue Beschreibung des angebotenen Leistungsumfangs,
- Abgrenzung der angebotenen Leistungen (z.B. Abweichungen von der Angebotsaufforderung, oder auch: was wird nicht angeboten?),
- wesentliche Randbedingungen und Annahmen,
- vorausgesetzte Beistellungen und Leistungen des Auftraggebers (Festlegung nach Umfang, Terminen, Qualität usw.),
- Angaben zum Qualitätsmanagement im Projekt (z.B. welche Verfahren, Maßnahmen, Werkzeuge usw. werden eingesetzt?),
- welches Vorgehensmodell wird angewendet?
- welche Qualitätseigenschaften sind gefordert?

- Angaben zur Abnahmespezifikation und Abnahmeprozedur,
- Angaben zum Fehlermeldeverfahren und Änderungsmanagement,
- Festlegung der Entwicklungs- und Produktionskonfiguration bezüglich der Hard-/ Software und Produktversionen (Konfigurationsmanagement),
- Verfahren bei Änderungen des Leistungsumfangs während der Vertragslaufzeit,
- Schnittstellen zu Fremdsystemen (z.B. bezüglich Stabilität, Änderungen, Zeit- und Mengenangaben),
- vorgesehene Reviews mit dem Auftraggeber zu Meilensteinterminen,
- Unklarheiten in den Unterlagen des Auftraggebers (z.B. technische, kommerzielle, vertragliche Aspekte).

4.2.3.3 Verfahren der Angebotserstellung

Dem verantwortlichen Angebotsersteller obliegt die Gesamtverantwortung für die zeitgerechte Angebotsbearbeitung. Die typischen Arbeitsschritte sind:

Arbeitsschritte Angebotsbearbeitung

- Analyse der Auftragschancen (z.B. bezüglich Mitbewerber, eigenes Leistungsvermögen),
- Herbeiführen der Entscheidung, ob ein Angebot erstellt wird,
- Erstellen der Angebotsteile nach dem Unternehmensstandard.

Der Angebotsersteller ist verantwortlich dafür, daß alle erforderlichen Zuarbeiten zum Angebot termingerecht eingeholt werden. Das Angebot mit Anschreiben und den internen Anlagen wird durch den Bereichsleiter und das Controlling abschließend geprüft. Eine Kopie des Angebots mit allen internen Anlagen und der Angebotsaufforderung wird in der Projektakte abgelegt. Der Versand des Angebots an den Ausschreiber wird dokumentiert. Auftragseingang bzw. Absagen werden mit den entsprechenden Kenndaten registriert.

4.2.4 Vertragsprüfung

4.2.4.1 Zweck und Anwendungsbereich

Der folgende Abschnitt legt fest, wie ein Auftragseingang im Unternehmen bearbeitet und schließlich bestätigt wird. Damit wird sichergestellt, daß keine Aufträge entgegengenommen werden, die versteckte Risiken oder Unwägbarkeiten enthalten.

4.2.4.2 Qualitätsrelevante Vertragspunkte

Vertragliche Voraussetzungen

Grundsätzlich setzt ein Vertrag mit einem Auftraggeber voraus, daß eine Angebotsanfrage des Auftraggebers und ein Angebot bereits vorliegen. Ausnahmen sind Bestellungen von Standardprodukten und Wartungsleistungen zu Produkten, zu denen eine gültige Preisliste mit Standard-Vertragsbedingungen besteht, auf die sich der Besteller bezieht.

Werden auf der Basis eines Angebots Vertragsverhandlungen geführt, die Konditionen, Leistungsanteile usw. verändern, so wird das Ergebnis in einem Änderungsangebot dokumentiert (die Abschnitte 4.2.2 und 4.2.3 gelten hierfür entsprechend).

4.2.4.3 Verfahren der Vertragsprüfung

Bei Eingang eines Auftrags werden folgende Schritte durchlaufen:

Schritte Vertragsprüfung

- Prüfung des Auftrags auf Übereinstimmung mit dem gültigen Angebot,
- Erstellen der Auftragsbestätigung,
- Versand der Auftragsbestätigung an den Kunden und interne Verteilung,
- Erfassung des Auftrags als Auftragseingang.

4.2.5 Planung der Entwicklung

4.2.5.1 Zweck und Anwendungsbereich

Voraussetzung für den Projekterfolg ist eine sorgfältige Planung der erforderlichen Projektaktivitäten, der zu erzielenden Zwischen- und Endergebnisse und eine permanente Kontrolle des Projektfortschritts hinsichtlich Inhalt, Qualität, Termine und Kosten. Abweichungen im Projektablauf müssen rechtzeitig erkannt, analysiert und in entsprechende Korrekturmaßnahmen umgesetzt werden. Dies spricht die Bereiche Projektmanagement (siehe Abschnitt 5.3), Qualitätssicherung (siehe Abschnitt 5.4), Konfigurationsmanagement (siehe Abschnitt 5.1) und Systemerstellung an. Diese Bereiche werden im V-Modell als „Submodelle" bezeichnet. Die Tätigkeiten in diesen Submodellen werden als „Aktivitäten" bezeichnet. Die Aktivitäten sind in Haupt- und Teilaktivitäten unterteilt. Ergebnis einer Aktivität ist ein „Produkt" (z.B. Dokumentation, Source-Code, etc.).

Planung Projektaktivitäten

Die Planung in diesen Bereichen wird in der Planungsdokumentation der einzelnen Submodelle festgelegt. Dabei wird für das Projektmanagement ein Projekthandbuch und ein Projektplan, für die Qualitätssicherung ein Qualitätssicherungsplan (QS-Plan) und für das Konfigurationsmanagement ein Konfigurationsmanagementplan (KM-Plan) angelegt.

Unterschreitet ein Projekt einen definierten Aufwand (z.B. 1 Personenjahr), werden die Regelungen zur Qualitätssicherung und zum Konfigurationsmanagement im Projekthandbuch zusammenfassend angegeben.

Start und Ende des Projektes

Wie bereits oben dargestellt, wird das anzuwendende Vorgehensmodell im allgemeinen bereits in der Angebotsphase verbindlich festgelegt. Wird das V-Modell für die Systementwicklung verwendet, wird im Projekthandbuch festgelegt, mit welcher Hauptaktivität das Projekt beginnt und mit welcher Hauptaktivität es endet.

Tailoring

Bei dieser Festlegung wird das V-Modell ggf. grundsätzlich an das Leistungsspektrum des Unternehmens angepaßt. Für jeden Auftrag werden die Hauptaktivitäten identifiziert, die für die erfolgreiche Durchführung des Projektes benötigt werden („ausschreibungsrelevantes Tailoring"). Während der Systementwicklung werden kontinuierlich Anpassungen der einzelnen Hauptaktivitäten an die aktuelle Projektsituation vorgenommen („technisches Tailoring").

4.2.5.2 Projekthandbuch

Das Projekthandbuch ist die Grundlage für die Systementwicklung. Es enthält die durchzuführenden Projektaufgaben (Aktivitäten) und die zu erstellenden Zwischen- und Endergebnisse (Produkte) der einzelnen Aktivitäten. Das Projekthandbuch macht in den einzelnen Kapiteln Angaben zu folgenden Punkten:

Inhalt Projekthandbuch

- kurze Beschreibung des Projektes,

- verwendete Entwicklungsstrategie (z.B. Strukturierte Analyse, Objektorientierte Analyse und Design usw.),
- Auflistung der durchzuführenden Aktivitäten und der zu erstellenden Produkte der Submodelle Systemerstellung, Qualitätssicherung, Konfigurationsmanagement und Projektmanagement,
- Angaben zum Leistungs- und Lieferumfang,
- Festlegung der Methoden und Werkzeuge,
- Angaben zur Projekt-Aufbauorganisation,
- einzuhaltende Standards und Richtlinien.

Unterstützung des Managements

Neben der fachlichen Leistung und dem Engagement der Projektmitarbeiter ist die Unterstützung und Mitarbeit des Managements von entscheidender Bedeutung für den Projekterfolg. Ergänzend zu einem effizienten Projektmanagement, das nicht die formalen, sondern die inhaltlichen und qualitativen Aspekte der Projektplanung, -kontrolle und -steuerung in den Vordergrund stellt, wirken die Führungskräfte des Unternehmens bei der Projektabwicklung mit. Insbesondere sind sie verantwortlich für die Bereitstellung von Personal und Mitteln sowie für die konsequente Vorgabe der im QMS festgelegten Verfahren und Richtlinien.

4.2.5.3 Projektplan

Die Planung von Projektablauf, Zeit und Einsatzmitteln für alle Submodelle wird im Projektplan dokumentiert. Er ist ein Instrument zur Planung, Steuerung und Kontrolle durch das Projektmanagement.
Der Projektplan umfaßt die folgenden Festlegungen:

Inhalt Projektplan

- Aufwands- und Terminplanung für die einzelnen Aktivitäten,
- Termine und Formen der Fortschrittsüberwachung in Form einer Feinplanung mit Soll-/Ist-Wert-Gegenüberstellung,
- Einsatzmittelplan für Personal und Ressourcen.

Weitere Elemente der Projektplanung sind im Abschnitt 5.3 dargelegt.

4.2.5.4 Entwicklungslenkung

Steuerung der Entwicklung

Die Entwicklungslenkung umfaßt die Steuerung der Entwicklungsarbeiten und die Beurteilung des durch z.B. Reviews und Tests festgestellten Entwicklungsfortschritts sowie die Einleitung und Überwachung der erforderlichen Korrekturmaßnahmen. Auf Grundlage der Ergebnisse der Qualitätssicherung und der Beurteilungen aus dem Projektmanagement werden Maßnahmen mit dem Ziel ergriffen, Abweichungen von den vorgegebenen Entwicklungszielen zu korrigieren.

4.2.5.5 Vorgaben für die Entwicklung

Die Vorgaben für die ersten Projektaktivitäten sind im Auftrag (z.B. Projekthandbuch, Pflichtenheft, Lastenheft als Grundlage des Auftrages) festgelegt. Für jede Folgeaktivität werden die Vorgaben spezifisch festgelegt und dokumentiert wie z.B.:

Entwicklungsschritte

- die geprüften und genehmigten Ergebnisse der vorherigen Aktivitäten (die Genehmigung umfaßt häufig auch die Prüfung und die Freigabe der Ergebnisse durch den Auftraggeber),
- mitgeltende Unterlagen wie z.B. Standards, Vorschriften, Normen und Gesetze, Prüfpläne, Testvorschriften usw.,
- relevante Elemente des Qualitätssicherungsplan (QS-Plan),
- Arbeitsanweisungen aus der Projektplanung,
- Vorgaben des Projekthandbuches.

Vor Beginn jeder Hauptaktivität wird geprüft, ob alle Voraussetzungen für den Beginn der Hauptaktivität gegeben sind.

4.2.5.6 Ergebnisse der Aktivitäten

Prüfung der Produkte

Die in der jeweiligen Entwicklungsphase durchzuführenden Tätigkeiten (Aktivitäten) und die zu erzielenden Zwischen- und Endergebnisse (Produkte) sind nach Art, Inhalt und Umfang im Auftrag und/oder im Projekthandbuch festgelegt. Nach Fertigstellung eines Produktes durch das Entwicklungsteam erfolgt die Prüfung durch die Qualitätssicherung. Erst wenn alle Mängel beseitigt sind, gibt der Projektleiter das Ergebnis für die Folgephase und – soweit vereinbart – zur Lieferung an den Auftraggeber frei. Im Einzelfall schließt sich die Prüfung und Genehmigung des Ergebnisses durch den Auftraggeber an. Sind derartige Prüfungen und Genehmigungen durch den Auftraggeber vertraglich vereinbart, so wird die schriftliche Bestätigung durch den Auftraggeber eingeholt.

4.2.5.7 Verifizierung und Validierung der Produkte

Produkte werden vor ihrer Festschreibung verifiziert und validiert. Welchen Umfang diese Tätigkeiten haben und wie die hierzu geeignete Vorgehensweise ist, wird im QS-Plan festgelegt. Die Ergebnisse der Verifizierungs- und Validierungsmaßnahmen werden dokumentiert. Bei positivem Ergebnis erfolgt die Übernahme durch das Konfigurationsmanagement und Freigabe für die weitere Entwicklung.

4.2.5.8 Personalqualifikation und Mittel

Spätestens zu Projektbeginn wird das Projektteam entsprechend den Qualifikationsanforderungen namentlich im Projekthandbuch festgelegt und in Abstimmung mit der Zeitplanung den Projektaufgaben zugeordnet. Gleiches gilt für sonstige Mittel, die im Projekt benötigt werden (Hardware, Software, Rechenzeiten usw.). Notwendige Beschaffungen und Leistungen von Unterlieferanten werden rechtzeitig berücksichtigt und in die Gesamtplanung integriert. Soweit Qualifikationslücken im Projektteam vorliegen, werden rechtzeitig entsprechende Maßnahmen wie z.B. Schulung/Ausbildung eingeplant und durchgeführt.

4.2.6 Planung der Qualitätssicherung

4.2.6.1 Zweck und Anwendungsbereich

Inhalt und Umfang der projektspezifischen Qualitätssicherung werden vor Projektbeginn im Qualitätssicherungsplan (QS-Plan) und im Konfigurationsmanagementplan (KM-Plan) festgelegt. Damit wird sichergestellt, daß alle erforderlichen Maßnahmen ergriffen werden, um die gestellten Qualitätsforderungen zu erreichen.

Prinzipiell wird bei der Qualitätssicherung zwischen der analytischen, der konstruktiven und der administrativen Qualitätssicherung unterschieden.

konstruktive QS

Die konstruktiven Maßnahmen umfassen die Festlegung des Entwicklungsprozesses, die Planung der Projektentwicklung, die Verwaltung und Steuerung der Projektergebnisse und die Festlegungen der konkreten Qualitätsanforderungen an die Aktivitäten und Produkte.

analytische QS

Die analytischen Maßnahmen der Qualitätssicherung prüfen und bewerten, ob ein Prüfgegenstand (Aktivität oder Produkt) die festgelegten Qualitätsanforderungen erfüllt. Die Prüfungen umfassen die Selbstprüfung durch den Entwickler, Reviews oder Audits (statische Tests) und das Verifizieren und Validieren (dynamische Tests).

administrative QS

Durch die administrative Qualitätssicherung wird die Erfassung, Verwaltung, Kontrolle und Änderung der Produkte geregelt.

Dokumentation QS

Die konstruktiven und analytischen Maßnahmen zur Qualitätssicherung werden im Projekthandbuch, Projektplan und QS-Plan dokumentiert. Die administrative Qualitätssicherung wird im KM-Plan dokumentiert.

4.2.6.2 Qualitätssicherungsplan (QS-Plan)

Verbindliche Vorgabe für projektspezifische Qualitätssicherungsmaßnahmen ist der QS-Plan. Dieser Rahmen versteht sich auch als Checkliste, um sicherzustellen, daß alle relevanten Qualitätsaspekte bereits bei der Planung beachtet werden.

Der Qualitätssicherungsplan (QS-Plan) enthält folgende Punkte:

Inhalt QS-Plan

- Qualitätsziele und Risiken im Projekt. Sie werden – wenn möglich – als konkrete Qualitätsanforderungen formuliert, d.h. als Qualitätsmerkmale von Produkten und Prozessen mit geeigneten Qualitätsmaßen und Forderungswerten. Qualitätsmerkmale sollen objektiv, reproduzierbar, meßbar und bewertbar sein. Qualitätsanforderungen werden im allgemeinen vom Auftraggeber festgelegt. Im Einzelfall kann der Auftragnehmer ergänzende oder weiterreichende Qualitätsanforderungen stellen, wenn diese auftragskonform sind.
- Einstufung der Kritikalität und IT-Sicherheit des Systems und der daraus abzuleitenden QS-Maßnahmen.
- Entwicklungsbegleitende Qualitätssicherung mit einer Auflistung der zu prüfenden Aktivitäten und Produkte.
- Spezifische Kontrollmaßnahmen bezüglich der Eingangskontrolle von Fertigprodukten, Kontrolle von Unterauftragnehmern, Ausgangskontrolle von Softwarebausteinen, Änderungskontrolle, Kontrolle von Bearbeitungskompetenzen und der Kontrolle des Konfigurationsmanagements.

4.2.6.3 Konfigurationsmanagementplan (KM-Plan)

Vorgaben für die administrative Qualitätssicherungsmaßnahmen sind im Konfigurationsmanagementplan (KM-Plan) definiert. Der KM-Plan enthält Angaben zur Erfassung, Identifikation, Kontrolle, Sicherung, Archivierung der Produkte und zum Änderungsmanagement eines Projektes.

Der Konfigurationsmanagementplan (KM-Plan) enthält folgende Punkte:

Inhalt KM-Plan

- Einführung des Konfigurationsmanagements mit den erforderlichen Regelungen zur Produktbibliothek, den Identifikationsrichtlinien und weiteren projektspezifischen Regelungen,
- Durchführung und Kontrolle von Änderungen (Änderungsmanagement),
- Sicherung und Archivierung der Produkte.

4.2.7 Sonstige Tätigkeiten

4.2.7.1 Forderungen des Auftraggebers

Regelungen Änderungsmanagement

Die Forderungen des Auftraggebers werden vor Vertragsbeginn vollständig und zweifelsfrei festgelegt. Da die meisten Projekte top-down entwickelt werden, ergeben sich in der Praxis immer wieder Zeitpunkte, zu denen Details mit dem Auftraggeber abgestimmt werden müssen. Nicht ungewöhnlich ist auch, daß sich bei zunehmender Detaillierung Fehler, Änderungswünsche oder Alternativen zu bereits in vorgelagerten Dokumenten festgelegten Spezifikationen ergeben. Die Fehler, Änderungswünsche oder Alternativen werden dokumentiert und unterliegen den Regelungen des Änderungsmanagements (siehe Abschnitt 5.2). In wichtigen Fällen wird dann eine Prüfung und Genehmigung durch den Auftraggeber herbeigeführt. Soweit sich dabei Änderungen des Liefer- und Leistungsumfanges, der Projekttermine oder der Kosten ergeben, wird nach den entsprechenden Regelungen des Vertrages und/oder den Regelungen des Änderungsmanagements verfahren. In jedem Fall wird vermieden, daß relevante Änderungen dem Auftraggeber nicht transparent werden oder von ihm nur stillschweigend zur Kenntnis genommen werden.

4.2.7.2 Zusammenarbeit mit dem Auftraggeber

Angaben zum Projektstand

Ein essentieller Aspekt in jedem Auftrag ist die vertrauensvolle Zusammenarbeit mit dem Auftraggeber. Die ***@Muster-GmbH*** verpflichtet sich deshalb zu einer offenen und zeitgerechten Informationspolitik über den jeweiligen Projektsachstand. Hierzu gehört insbesondere eine klare Darstellung der im Projekt auftretenden Probleme und Schwierigkeiten.

4.2.7.3 Entwicklungsbegleitende Tätigkeiten

Entwicklungsbegleitende Aktivitäten, die teilweise auch im Vorlauf anfallen, sind in den Abschnitten 5 und 6 ausgewiesen.

4.3 Systemerstellung und Qualitätssicherung

4.3.1 Zweck und Anwendungsbereich

In den folgenden Abschnitten werden die notwendigen Hauptaktivitäten und die Ergebnisse der Hauptaktivitäten zur Systemerstellung angegeben. Ergebnisse einer Hauptaktivität können Dokumentaton, Source-Code, etc sein. Die Ergebnisse einer Hauptaktivität werden im V-Modell als „Produkt" bezeichnet.

Tätigkeiten und Ergebnisse V-Modell

Der Schwerpunkt der nachfolgenden Abschnitte liegt auf der Darstellung der Hauptaktivitäten, Produkte, Verfahren und Methoden der Systemerstellung sowie der Qualitätssicherung. Die aktivitätenübergreifenden und projektbegleitenden Tätigkeiten wie z.B. Projektmanagement und Konfigurationsmanagement sind im Abschnitt 5 und 6 dargelegt. Die ausgewiesenen Verfahren und Methoden sind als übergeordneter Rahmen zu verstehen. Die konkreten Festlegungen erfolgen jeweils im Projekthandbuch bzw. QS-Plan des Projektes.

4.3.2 Verfahren und Methoden der Systemerstellung und Qualitätssicherung

In der folgenden Tabelle sind in der Spalte „Hauptaktivität" die Hauptaktivitäten des Submodells Systemerstellung zur Analyse, Design und der Implementierung des Systems angegeben. In der Spalte „Produkte" sind die entsprechenden Produkte der Hauptaktivitäten aufgelistet. Die Spalte „Verfahren und Methoden" gibt Verfahren und Methoden (Beispiele) zur Analyse, Design und der Implementierung an. Erläuternde Hinweise sind in den nachfolgenden Abschnitten angegeben.

Hauptaktivität	**Produkt**	**Verfahren und Methoden**
SE1: System-Anforderungsanalyse	Anwenderforderungen Analyse Realisierbarkeit/ Wirtschaftlichkeit SWPÄ-Konzept	Beschreibung Abläufe/ Geschäftsprozesse Use-Case-Modellierung Requirements-Analyse Prototyping
SE2: System-Entwurf	Systemarchitektur	Simulation Formale und Algebraische Spezifikationssprachen Strukturierte Analyse und Design Objektorientierte Analyse und Design
SE 3: SW-/HW-Anforderungsanalyse	Technische Anforderungen	Verfeinerung der Modelle und Diagramme des Systems
SE 4: SW-Grobentwurf	SW-Architektur Schnittst.-Übersicht Schnittstellenbeschreibung Integrationsplan	Anforderungsanalyse und des System-Entwurfs für die einzelnen SW-Einheiten
SE 5: SW-Feinentwurf	Datenkatalog SW-Entwurf	
SE 6: Implementierung	Implementierungs-dokumente (SW-Modul/Datenbank)	Code-Generatoren Report-Generatoren UIMS/GUI-Werkzeuge 3GL/4GL-Sprachen Case-Tools Prototyping Strukturierte Programmierung Objektorientierte Programmierung

Tab. 4-3: Verfahren und Methoden für die Systemerstellung (Beispiele)

Hauptaktivität	**Produkt**	**Verfahren und Methoden**
SE7: SW- Integration	Implementierungsdok. (SW-Komp.)/SW-Komp. Implementierungsdok. (SW-Einh.)/SW-Einh. Implementierungsdok. (Datenbank)/Datenbank	grundsätzlich wie in SE6 Testverfahren
SE8: System-Integration	System (installierbar) Betriebsinformationen	Testverfahren
Annahme und Abnahme		Gemäß vertraglich vereinbarter Abnahmespezifikation/Abnahmeprüfung
SE9: Überleitung in die Nutzung	System (installiert)	gemäß vertraglich vereinbarter Regelungen
Pflege- und Wartung		gemäß Software-Pflege- und Änderungskonzept (SWPÄ-Kopzept)

Tab. 4-3: Verfahren und Methoden für die Systemerstellung (Fortsetzung)

Die Auswahl der Methoden und Werkzeuge, die in einem Projekt / einer Produktentwicklung eingesetzt werden, hängt von verschiedenen Faktoren ab, wie z.B.:

Auswahl Methoden und Werkzeuge

- Art der Anwendung (z.B. Informationssystem, Real-Time-Anwendung, eingebettetes System),
- Vorgaben des Auftraggebers,
- ausgewähltes Vorgehensmodell,
- Know-How der Mitarbeiter,
- Verfügbarkeit von Werkzeugen auf der Entwicklungs- und Zielumgebung.

Ebenen der Systemerstellung

Das System wird in verschiedenen Ebenen erstellt. Den Hauptaktivitäten der verschiedenen Ebenen entsprechend werden Produkte erzeugt. Die Verfahren und Methoden der Qualitätssicherung sind abhängig von der Ebene, in der das Produkt erzeugt wurde (z.B. Anwenderforderung, Implementierungsdokumentation usw.). Je nach Produkt werden entsprechende Verifizierungs- und Validierungsmaßnahmen angewendet. Die nachfolgende Tabelle enthält in der Spalte „Ebene" die verschiedenen Ebenen der Systemerstellung. Die Spalte „Produkt" enthält die entsprechenden Produkte der Ebene, die Spalte „Verfahren und Methoden" die verschiedenen Verfahren und Methoden der Qualitätssicherung (Beispiele).

Ebene	**Produkt**	**Verfahren und Methoden**
System-Ebene	Anwenderforderungen Technische Anforderungen Systemarchitektur Schnittstellenbeschreibung	formaler Beweis statische Analyse (Reviews und Audits) dynamische Tests (Systemtest mit Funktionstest, strukturierter Test, Integrationstest, usw.)
SW-/HW-Einheiten-Ebene	Anwenderforderungen Technische Anforderungen SW-/HW-Architektur Schnittstellenbeschreibung	Anwendung der Verfahren und Methoden der System- und Segment-Ebene bezogen auf die SW-/HW-Einheiten-Ebene
Komponenten-Ebene	Technische Anforderungen Schnittstellenbeschreibung SW-Entwurf (SW-Komponente) HW-Architektur (HW-Komponente)	Anwendung der Verfahren und Methoden der SW-/HW-Einheiten-Ebene bezogen auf die Komponenten-Ebene
Modul/ Datenbank-Ebene	Technische Anforderungen Schnittstellenbeschreibung SW-Entwurf (SW-Modul/Datenbank) HW-Architektur (HW-Modul)	Code-Inspektion Structured Walk-Through symbolische Programmausführung Strukturtest (White Box Test mit z.B. C0/C1-Abdeckung) Funktionstest (Black Box Test) Objektorientierte Tests Integrationstest

Tab. 4-4: Verfahren und Methoden für die Qualitätssicherung (Beispiele)

Nachfolgend wird jede Hauptaktivität des Submodells Systemerstellung einheitlich in folgender Weise beschrieben:

Inhalt der nachfolgenden Abschnitte

- **Kurzbeschreibung** der Ziele und Aufgaben der Hauptaktivität,
- **Ergebnisse** der Hauptaktivität durch Angabe der zu erstellenden Produkte,
- **Verfahren und Methoden** der Systemerstellung (Beispiele),
- Aktivitäten, Produkte, Aufgaben und Verfahren der **Qualitätssicherung** (Beispiele).

Die Haupt-, Teilaktivitäten und Produkte sind in kursiver Schrift gedruckt.

Am äußeren Rand der Kurzbeschreibungen der einzelnen Hauptaktivitäten befindet sich jeweils eine Grafik, in der alle Hauptaktivitäten des Submodells Systemerstellung angegeben sind. Die im Abschnitt behandelte Hauptaktivität ist hervorgehoben dargestellt. Die für die Hauptaktivitäten verwendeten Abkürzungen haben folgende Bedeutung:

Hauptaktivitäten Submodell Systemerstellung

- SE1: System-Anforderungsanalyse,
- SE2: System-Entwurf,
- SE3: SW-/HW-Anforderungsanalyse,
- SE4: SW-Grobentwurf,
- SE5: SW-Feinentwurf,
- SE6: SW-Implementierung,
- SE7: SW -Integration,
- SE8: System-Integration,
- SE9: Überleitung in die Nutzung.

4.3.3 SE1: System-Anforderungsanalyse

4.3.3.1 Kurzbeschreibung

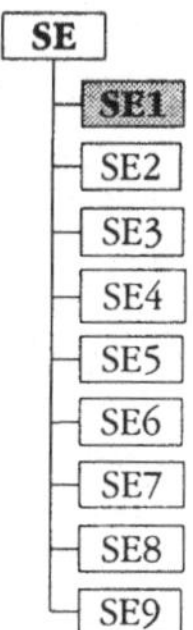

Die Hauptaktivität *System-Anforderungsanalyse* wird im Produkt *Anwenderforderungen* dokumentiert und beinhaltet die Identifizierung und Dokumentation der (strategischen) Geschäftsbereiche/-prozesse und IT-Verfahren, für die eine neue oder modernisierte DV-Unterstützung geplant ist.

Die Angaben im Produkt *Anwenderforderungen* werden durch folgende Teilaktivitäten erarbeitet:

- Aufnahme und Analyse des vorhandenen Ist-Zustandes,
- Beschreibung der Gesamtfunktionalität des Anwendungssystems unter Berücksichtigung der technischen, organisatorischen und sonstigen Randbedingungen aus der Sicht des Anwenders,
- Formulierung der Kritikalität und Anforderungen an die Qualität,
- fachliches Strukturieren des Anwendungssystems,
- Ermittlung der Bedrohungen für das System und der damit verbundenen Risiken.

Außerdem werden Betrachtungen zur Realisierbarkeit und Wirtschaftlichkeit des Anwendungssystems durchgeführt.

Schließlich wird ein Konzept für die Pflege und Änderung der Software (SWPÄ-Konzept) erarbeitet.

4.3.3.2 Ergebnisse

- Anwenderforderungen,
- Ergebnisse der Analyse zur Realisierbarkeit und Wirtschaftlichkeit,
- Konzept zur Wartung des Systems (SWPÄ-Konzept).

4.3.3.3 Verfahren und Methoden

Verfahren und Methoden für die System-Anforderungsanalyse:

Beispiele

- Interviews,
- Beobachtungen,
- Multimoment-Aufnahmen,

- Übernahme von Erfahrungen aus anderen oder ähnlichen Projekten,
- Messungen.

Verfahren und Methoden für die Modellierung bei der System-Anforderungsanalyse:

- Beschreibungen der Abläufe/Geschäftsprozesse,
- Use-Case-Modellierung,
- Requirements-Analyse,
- Prototyping,
- Simulation.

strukturierte Analyse

- Anwendung strukturierter Analysemethoden mit der Erstellung von:
  - Funktionsstrukturierungen,
  - Funktionsspezifikationen,
  - Datenflußdiagrammen,
  - Kontrollflußdiagrammen,
  - Zustandsdiagrammen und Übergangsdiagrammen,
  - Petri-Netzen,
  - Entscheidungstabellen.
- Anwendung objektorientierter Analysemethoden mit der Erstellung von:

OMT-Analyse

  - Problem Statements, funktionalen- und architektonischen-Requirements, Objektmodellen, Funktionsmodellen und Dynamischen-Modellen (Object Modelling Technique, OMT),

UML-Analyse

  - Class Responsibility Collaboration (CRC), Interaktionsmodellen, Klassen-/Objektmodellen, System- und Subsystemmodellen (Package Modelle), Zustandsmodellen (Unified Modelling Language, UML).

4.3.3.4 Qualitätsprüfung

Die Dokumente werden in internen Reviews und gemeinsamen Reviews mit dem Auftraggeber geprüft. Aspekte der Prüfung sind:

Beispiele

- Vollständigkeit der fachlichen Anforderungen aus der Sicht des Anwenders,
- Widerspruchsfreiheit,

- Berücksichtigung von technischen und organisatorischen Randbedingungen,
- Berücksichtigung von Qualitätsanforderungen (z.B. Zuverlässigkeit, Sicherheit, Realzeit-Verhalten usw.),
- Angemessenheit der Beschreibung (Verständlichkeit und Genauigkeit),
- Zielerfüllung.

4.3.4 SE2: System-Entwurf

4.3.4.1 Kurzbeschreibung

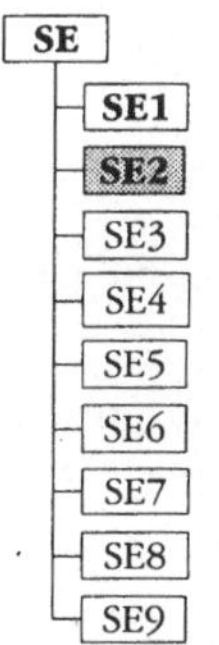

Die System-Architektur wird auf der Basis der *Anwenderforderungen* und der vorhandenen Randbedingungen entworfen. Zunächst werden eine oder mehrere Lösungsvorschläge erarbeitet, diskutiert und bewertet. Der ausgewählte Lösungsvorschlag wird weiter verfeinert und in bezug auf Wirksamkeit und Realisierbarkeit untersucht. Die Anwenderforderungen werden den einzelnen Elementen der System-Architektur zugeordnet.

Außerdem werden auf der Grundlage der System-Architektur die System-Schnittstellen beschrieben und die System-Integration spezifiziert.

4.3.4.2 Ergebnisse

- Systemarchitektur

4.3.4.3 Verfahren und Methoden

Verfahren und Methoden für den System-Entwurf:

Beispiele

- Interviews,
- Beobachtungen,
- Multimoment-Aufnahmen,
- Erfahrungen aus anderen oder ähnlichen Projekten,
- Messungen.

Die Hauptaktivität *System-Entwurf* beinhaltet die weitere Verfeinerung der Modelle und Diagramme der Hauptaktivität *SE1: System-Anforderungsanalyse*:

- detaillierte Beschreibungen der Abläufe/Geschäftsprozesse,
- Verfeinerung der Use-Case-Diagramme,
- hierarchische Gliederung der Requirements,

- Verwendung von formalen Spezifikationssprachen,
- algebraische Spezifikation,
- Prototyping.

strukturierte Designmethoden

- Anwendung strukturierter Designmethoden mit der Erstellung von:
  - Funktionsstrukturierungen,
  - Funktionsspezifikationen,
  - Datenflußdiagrammen,
  - Kontrollflußdiagrammen
  - Zustandsdiagrammen und Übergangsdiagrammen,
  - Petri-Netzen,
  - Entity-Relationship-Modellen,
  - Entscheidungstabellen.
- Anwendung objektorientierter Designmethoden mit der Erstellung von:

OMT-Design

  - Objektmodellen, Funktionsmodellen, dynamischen Modellen und System Design Modellen (Object Modelling Technique, OMT),

UML-Design

  - Prozeßmodellen (Deployment Modell), Moduldiagrammen, Class Responsibility Collaboration (CRC), Interaktionmodellen, Klassen-/Objekt-Modellen, System- und Subsystemmodellen (Package Modelle), Zustandsmodellen (Unified Modelling Language, UML).

4.3.4.4 Qualitätsprüfung

Prüfung der Systemarchitektur in internen Reviews und gemeinsamen Reviews mit dem Auftraggeber hinsichtlich der Aspekte:

Beispiele

- Berücksichtigung aller Anwenderforderungen,
- Vollständigkeit,
- Widerspruchsfreiheit,
- Angemessenheit der Beschreibung (Verständlichkeit und Genauigkeit),
- ausreichende Vorgabe für die nächste Phase.

4.3.5 SE3: SW-/HW-Anforderungsanalyse

4.3.5.1 Kurzbeschreibung

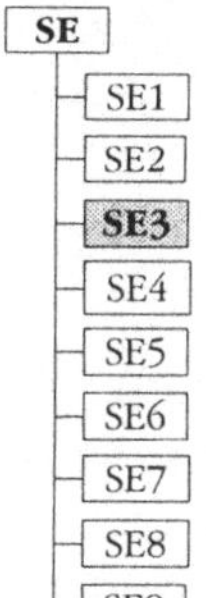

Die Hauptaktivitäten *System-Anforderungsanalyse* und *System-Entwurf* beinhalten unter anderem das Aufteilen des Systems in verschiedene Software-Einheiten (SW-Einheiten).

Die Hauptaktivität *SW-/HW-Anforderungsanalyse* beinhaltet die weitere Verfeinerung der technischen Anforderungen bezogen auf jede SW-Einheit. Ausgangsbasis sind dabei die Angaben im Produkt *Anwenderforderungen*, die Angaben im Produkt *Systemarchitektur* und die bereits vorliegenden technischen Anforderungen.

4.3.5.2 Ergebnisse

- Technische Anforderungen

4.3.5.3 Verfahren und Methoden

Verfahren und Methoden für die SW-/HW-Anforderungsanalyse:

Beispiele

- Interviews,
- Beobachtungen,
- Multimoment-Aufnahmen,
- Übernahme von Erfahrungen aus anderen oder ähnlichen Projekten,
- Messungen.

Die Modelle und Diagramme der Hauptaktivität *SE1: System-Anforderungsanalyse* werden für jede SW-Einheit weiter verfeinert.

4.3.5.4 Qualitätsprüfung

Prüfung der technischen Anforderungen mittels:

Beispiele

- Inspektion,
- statische Analyse durch interne Reviews und Reviews mit dem Auftraggeber,
- dynamische Tests mit ausgewählten Situationen/Abläufen durch:
  - „lesen und verfolgen“,

- Simulationen,
- Prototyping,

hinsichtlich der Aspekte:

- Vollständigkeit der fachlichen Anforderungen bezogen auf die SW-Einheit,
- Konsistenz,
- Widerspruchsfreiheit,
- Effizienz,
- Berücksichtigung von Qualitätsanforderungen (z.B. Zuverlässigkeit, Sicherheit, Realzeit-Verhalten usw.) bezogen auf die SW-Einheit,
- Angemessenheit der Beschreibung (Verständlichkeit und Genauigkeit),
- ausreichende Vorgabe für die nächste Phase.

4.3.6 SE4: SW-Grobentwurf

4.3.6.1 Kurzbeschreibung

SE
SE1
SE2
SE3
SE4
SE5
SE6
SE7
SE8
SE9

Diese Hauptaktivität beinhaltet den Entwurf der Architektur für jede SW-Einheit.
Das dynamische und statische Verhalten der SW-Einheit wird entworfen und Festlegungen für die darunterliegenden Komponenten, Module und Datenbanken werden getroffen. Dazu wird eine Leistungsbeschreibung verfaßt und die entstehenden Schnittstellen werden identifiziert.
Die Angaben zu den Schnittstellen auf der Ebene der SW-Einheiten werden vervollständigt, das Zusammenspiel der SW-Komponenten, Module/Prozesse und Datenbanken wird spezifiziert und die Integration auf dieser Ebene wird beschrieben.

4.3.6.2 Ergebnisse

- SW-Architektur,
- Schnittstellen-Übersicht,
- Schnittstellenbeschreibung,
- Integrationsplan.

4.3.6.3 Verfahren und Methoden

Die Hauptaktivität beinhaltet die weitere Verfeinerung der Modelle und Diagramme der Hauptaktivität *SE2: System-Entwurf*.

4.3.6.4 Qualitätsprüfung

Prüfung der Dokumentation mittels:

Bespiele

- Inspektion,
- statische Analyse durch interne Reviews und Reviews mit dem Auftraggeber,
- dynamische Tests mit ausgewählten Situationen/Abläufen durch:
  - „lesen und verfolgen",
  - Simulationen,
  - Prototyping,

hinsichtlich der Aspekte:

- vollständige Abdeckung der Anwenderforderungen,
- Konsistenz,
- Widerspruchsfreiheit,
- Effizienz,
- Angemessenheit der Beschreibung (Verständlichkeit und Genauigkeit),
- Anpaßbarkeit,
- Robustheit,
- ausreichende Vorgabe für die nächste Phase.

4.3.7 SE5: Feinentwurf

4.3.7.1 Kurzbeschreibung

SE
SE1
SE2
SE3
SE4
SE5
SE6
SE7
SE8
SE9

Auf der Grundlage des Produktes *SW-Architektur* und des Produktes *Schnittstellenbeschreibung* werden detaillierte Vorgaben für die anschließende Hauptaktivität *Implementierung* erarbeitet.
Es folgt die Spezifikation der Datenstrukturen, Algorithmen, Abläufe, Methoden, Variablen usw. jeder SW-Komponente, jedes SW-Moduls und der Datenbank(en) einer SW-Einheit. Dadurch sind die Vorgaben und Details für die Realisierung festgelegt. Anschließend wird der Betriebsmittel- und Zeitbedarf der einzelnen Architekturelemente ermittelt.
Die vorhandenen Betriebsinformationen werden um entwurfsbezogene Details ergänzt.

4.3.7.2 Ergebnisse

- Datenkatalog,
- SW-Entwurf.

4.3.7.3 Verfahren und Methoden

Die Modelle und Diagramme der Hauptaktivität *SE4: SW-Grobentwurf* werden weiter verfeinert.

4.3.7.4 Qualitätsprüfung

Prüfung der Dokumentation mittels:

Beispiele

- Inspektion,
- statische Analyse durch interne Reviews und Reviews mit dem Auftraggeber,
- dynamische Tests mit ausgewählten Situationen/Abläufen durch:
  - Structured Walk Through,
  - Simulationen,
  - Prototyping,
  - Stub-Technik,
- syntaktische Analyse der verwendeten Spezifikationssprache

hinsichtlich der Aspekte:

- vollständige Abdeckung der Anwenderforderungen und technischen Forderungen,
- Konsistenz,
- Widerspruchsfreiheit,
- Effizienz,
- Angemessenheit der Beschreibung (Verständlichkeit und Genauigkeit),
- Portabilität,
- lokale Änderbarkeit,
- Robustheit,
- ausreichende Vorgabe für die nächste Phase.

4.3.8 SE6: SW-Implementierung

4.3.8.1 Kurzbeschreibung

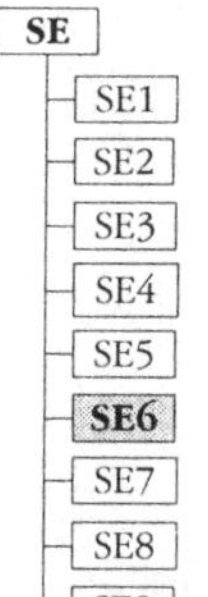

Bei dieser Aktivität wird die Software gemäß den vorgelagerten Spezifikationen auf der Entwicklungsumgebung codiert.

Die Umsetzung der Spezifikationen in Quellcode erfolgt manuell oder (teil-)automatisiert durch entsprechende Codegeneratoren und CASE-Werkzeuge.

Anschließend wird die entwickelte Software einer Selbstprüfung durch den Entwickler unterzogen.

4.3.8.2 Ergebnisse

- Implementierungsdokumentation zum SW-Modul,
- SW-Modul als Quellcode und in lauffähiger Form,
- Implementierungsdokumentation zur Datenbank,
- eingerichtete Datenbanken und Dateien.

4.3.8.3 Verfahren und Methoden

Beispiele

- Strukturierte Programmierung,
- Objektorientierte Programmierung,
- Code-Generatoren,
- Report-Generatoren,
- UIMS/GUI-Werkzeuge,
- 3GL/4GL-Sprachen,
- CASE-Tools,
- Prototyping.

4.3.8.4 Qualitätsprüfung

Prüfung der entwickelten Module mittels:

Beispiele

- Code-Inspektion,
- Structured Walk Through,
- symbolische Ausführung,
- Strukturtest (White Box Test),
- Funktionstest (Black Box Test),
- Belastungstest,
- Performance-Test,
- Regressionstest,
- ausgewählter Testmethoden (kontrollflußorientierte strukturelle Testverfahren, datenflußorientierte strukturelle Testverfahren, funktionsorientierte Testverfahren),
- Objektorientierter Testmethoden (Test der Basisklassen, der abgeleiteten Klassen usw.),
- Integrationstest (Integrationstest der Basisklassen, der abgeleiteten Klassen usw.),

hinsichtlich der Aspekte:

- vollständige Abdeckung der technischen Anforderungen und der dort definierten Qualitätsanforderungen,
- funktionales Zusammenwirken,
- Konsistenz,
- Widerspruchsfreiheit,
- Effizienz,
- angemessene Kommentierung,

- Anpaßbarkeit,
- lokale Änderbarkeit,
- Tiefe des Vererbungsbaums, Anzahl der Nachfahren und Kopplung zwischen den Objekten bei objekt-orientierten Systemen,
- Verhalten in „Worst-case"-Bedingungen,
- Robustheit,
- Aktualität,
- Verständlichkeit,
- Eignung für den Rollenträger.

4.3.9 SE7: SW-Integration

4.3.9.1 Kurzbeschreibung

SE
SE1
SE2
SE3
SE4
SE5
SE6
SE7
SE8
SE9

Bei der Hauptaktivität *SW-Integration* werden die einzelnen SW-Module und Datenbanken zu SW-Komponenten integriert.

Ausgehend von der Selbstprüfung durch den Entwickler erfolgt eine wird das System stufenweise ggf. in mehreren Schritten integriert und getestet.

Für die Integration werden geeignete Integrationsstrategien (Top-Down Integration, Sandwich-Integration, vorgezogene Integration der kritischen und wichtigen Funktionen, usw.) angewendet. Die einzelnen Schritte der SW-Integration sind im Produkt *Integrationsplan* festgelegt.

4.3.9.2 Ergebnisse

Ergebnisse dieser Phase sind:

- Implementierungsdokumentation der SW-Komponenten,
- SW-Komponente als Quellcode in lauffähiger Form,
- Implementierungsdokumentation der SW-Einheit,
- SW-Einheit als Quellcode in lauffähiger Form.

4.3.9.3 Verfahren und Methoden

(grundsätzlich wie im Abschnitt 4.3.8.3)

4.3.9.4 Qualitätsprüfung

(grundsätzlich wie im Abschnitt 4.3.8.4)

4.3.10 SE8: System-Integration

4.3.10.1 Kurzbeschreibung

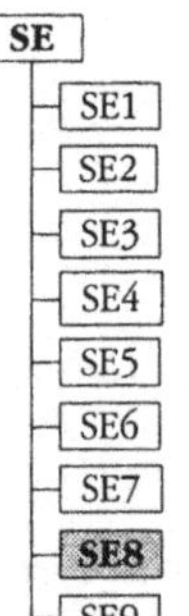

Die verschiedenen SW-/HW-Einheiten und nicht-IT-Anteile werden gemäß der Systemarchitektur, unter Einhaltung der Regelungen des Integrationsplans zum System integriert, und die Betriebsinformationen abgeschlossen. Das System wird von der Entwicklungsumgebung auf die Zielumgebung des Auftraggebers umgestellt/portiert und einem Selbsttest unterzogen. Der Schwerpunkt liegt dabei auf der Integration mit Fremdsystemen. Insbesondere bei technischen Systemen (z.B. bei einer Prozeßsteuerungssoftware mit ihren Schnittstellen zu den Sensoren und Aktoren der Anlagenebene) ist in dieser Phase häufig erstmals die Gelegenheit gegeben, das entwickelte System vollständig mit der realen Umwelt im betrieblichen Umfeld zu testen. Nach erfolgreicher Installation des Systems und nach Übergabe und Freigabe durch die Qualitätssicherung wird mit Abschluß dieser Phase das System einschließlich des insgesamt bis dahin vereinbarten Lieferumfanges dem Auftraggeber bereitgestellt. Dies erfolgt formal mit einem Lieferschein, in dem der Lieferumfang exakt aufgeführt ist. Gleichzeitig wird der Liefer- und Leistungsumfang dem Auftraggeber zur Abnahme oder Annahme bereitgestellt. Vertraglich vereinbarte Fristen und Prozeduren werden beachtet.

4.3.10.2 Ergebnisse

Typische Ergebnisse dieser Phase sind:

- System,
- Betriebsinformationen,
- Lieferschein,
- Produkte und Berichte der Qualitätssicherung.

4.3.10.3 Verfahren und Methoden

(grundsätzlich wie im Abschnitt 4.3.8.3)

4.3.10.4 Qualitätsprüfung

(grundsätzlich wie im Abschnitt 4.3.8.4)

4.3.11 Annahme und Abnahme

4.3.11.1 Kurzbeschreibung

Prüfung Lieferumfang

In dieser Phase wird der übergebene Lieferumfang vom Auftraggeber geprüft und getestet. Umfang, Verfahren, Kriterien und Zeitraum der Prüfung sollten bereits vorher vereinbart sein. Dabei wird insbesondere darauf geachtet, daß die Testfälle eindeutig und wiederholbar sind und Fehler-/Mängelanzeigen vollständig und detailliert aufgezeichnet werden. Die Durchführung dieser Phase obliegt im allgemeinen dem Auftraggeber. Es kann vertraglich vereinbart sein, daß Mitarbeiter des Projektteams diese Prüfung unterstützen oder zumindest verfolgen. Bei erfolgreichem Verlauf der Prüfungen erklärt der Auftraggeber die Abnahme (oder Annahme) des Lieferumfangs mit oder ohne Einschränkungen.

Unterschied Annahme/Abnahme

Die begriffliche Trennung zwischen Annahme und Abnahme ist insoweit bedeutsam, als bei Werkverträgen mit der Abnahmeerklärung des Auftraggebers die ordnungsgemäße Erstellung und Übergabe des Liefer- und Leistungsumfanges durch den Lieferanten erklärt wird, und die vertraglich vereinbarte Gewährleistungsfrist beginnt.

Bei Beratungs- und Unterstützungsaufgaben wird statt der Abnahme häufig die Annahme der erbrachten Leistung ausgesprochen, da bei derartigen Leistungen meist keine Abnahme nach vorher festgelegten Kriterien sinnvoll oder möglich ist.

4.3.11.2 Planung der Abnahmeprüfung

Die Planung der Abnahmeprüfungen obliegt im allgemeinen dem Auftraggeber und wird deshalb hier nicht näher spezifiziert. Wesentlich ist, daß

Punkte der Abnahmeprüfung

- Abnahmespezifikationen möglichst frühzeitig im Projektablauf verbindlich fixiert werden,
- der Auftraggeber die Abnahmeprüfung auch tatsächlich nach diesen Spezifikationen durchführt,
- die Abnahme nach vorher festgelegten Kriterien ausgesprochen oder verweigert wird.

4.3.11.3 Durchführung der Abnahmeprüfung

Die Durchführung der Abnahmeprüfungen obliegt im allgemeinen dem Auftraggeber und wird deshalb hier nicht näher ausgeführt.

4.3.11.4 Dokumentation der Abnahmeprüfung

Ablauf und Ergebnisse der Abnahmeprüfungen werden im allgemeinen vom Auftraggeber protokolliert und bewertet. Treten bei der Prüfung lediglich Fehler in der Dokumentation oder solche Fehler auf, welche die Nutzung des Systems nur unwesentlich beeinträchtigen, so wird dies im Abnahmeprotokoll oder in einem Änderungsantrag entsprechend vermerkt. Nach Bewertung des Protokolls oder des Änderungsantrages erklärt der Auftraggeber die Abnahme, oder er verweigert diese mit Begründung.

Eingeschränkte Abnahme

Bei Abnahme mit Einschränkung oder bei Verweigerung der Abnahme führt die Qualitätssicherung eine Analyse der vom Auftraggeber gemeldeten Fehler/Mängel durch. Das Ergebnis dieser Analyse wird nach Durchführung eines internen Reviews dem Auftraggeber gemeldet. Soweit sich vertragliche/kommerzielle Konsequenzen aus der eingeschränkten/verweigerten Abnahme ergeben, werden die Leitung, der QMB und das Controlling an dem internen Review beteiligt.

Behandlung von Fehlern/Mängeln

Während bei Fehlern (Nichterfüllung einer festgelegten Forderung) im Lieferumfang, die nachweislich und reproduzierbar sind, die Verpflichtung zur Nachbesserung meist klar ist, gestaltet such die Sachlage bei Mängeln häufig schwieriger.

Da ein Mangel „die Nichterfüllung einer beabsichtigten Forderung oder einer angemessenen Erwartung“ ist, ergibt sich mitunter ein Interpretationsspielraum. Der Auftraggeber wird daher gehalten, seine Forderungen und Erwartungen klar zu dokumentieren. Implizit sind über die Begriffe „nach Stand der Technik“ oder „nach Stand von Wissenschaft und Technik“ häufig auch allgemeine Mängel im Rahmen einer Nachbesserung zu korrigieren.

4.3.12 SE 9: Überleitung in die Nutzung

4.3.12.1 Kurzbeschreibung

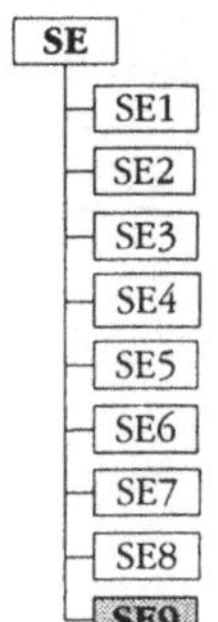

Die verschiedenen Benutzer- und Bedienergruppen des Auftraggebers werden nach der Installation am Einsatzort in die Bedienung und Handhabung des Systems unterwiesen. Je nach Auftrag umfaßt dies die Ausbildung der Anwender, der Bediener, des Wartungspersonals, der Systemverwalter usw. Nach Vorlage der Abnahmeerklärung und Durchführung der Schulung wird das System in Betrieb genommen. Dies erfolgt meist in Verantwortung des Auftraggebers in z.B. folgenden Schritten:

- Datenübernahme aus dem Vorgängersystem,
- stufenweise Integration und Inbetriebnahme,
- Probebetrieb,
- vorgeschalteter Parallelbetrieb,
- Einrichtung einer Notbetriebsorganisation.

Unterstützungs- und Beratungsleistungen des Entwicklerteams werden nach den Regelungen des Vertrags eingebunden.

Rechte Nutzung/ Vervielfältigung

Die Rechte zur Nutzung und Vervielfältigung des Lieferumfanges sind im Auftrag verbindlich geregelt. Ebenso ist dort festgelegt, wer erforderliche Vervielfältigungen durchführt. Soweit das Entwicklungsteam diese Aufgabe wahrnimmt, wird im Qualitätssicherungsplan (QS-Plan) ein Verfahren für die ordnungsgemäße Durchführung, Kontrolle und Dokumentation der Vervielfältigungen und deren Verteilung beschrieben. Dies ist unter anderem auch eine Voraussetzung für die Auslieferung von neuen Versionen im Rahmen der Gewährleistung, Pflege oder Wartung.

Lieferverfahren

Das Lieferungsverfahren ist im Auftrag oder im Qualitätssicherungsplan (QS-Plan) festgelegt.

Installation und Inbetriebnahme

Die Installation erfolgt gemäß der gelieferten Generierungs- und Installationsanweisung. Die Durchführung der Inbetriebnahme obliegt im allgemeinen dem Auftraggeber. Es kann jedoch vertraglich vereinbart sein, daß Mitarbeiter des Projektteams diese Phase unterstützen oder zumindest verfolgen.

4.3.13 Wartung, Pflege und Betrieb

4.3.13.1 Kurzbeschreibung

Planung Wartung/Pflege

Bei der Planung des Systems (Software-Pflege- und Änderungskonzept (SWPÄ-Kopzept)) und während des Betriebs werden kontrollierte und wirtschaftliche Verfahren zur Wartung und Pflege ergriffen.

Wartung des Systems

Die Wartung umfaßt alle präventiven und bedarfsorientierten Maßnahmen zur Aufrechterhaltung der Nutzbarkeit des Lieferumfanges bei unverändertem Funktions- und Leistungsumfang.

Hierzu gehören z.B.:

- die Anpassung der Software an geänderte Systemumgebungen (z.B. neue Hardware, neue Version des Betriebssystems oder des Datenbankmanagementsystems),
- Fehlerbeseitigungen in der Software vor und nach Ablauf der Gewährleistungsfrist.

Pflege des Systems

Die Pflege umfaßt dagegen Änderungen, Anpassungen und Erweiterungen der Software infolge neuer oder geänderter Anforderungen (z.B. aus funktionaler oder organisatorischer Sicht).

Soweit die Pflege und Wartung im Kundenauftrag erfolgt, oder es sich um eine eigene Produktentwicklung handelt, wird ein Pflege- und Wartungsplan erstellt.

4.3.13.2 Pflege- und Wartungsplan

Der Pflege- und Wartungsplan regelt folgende Punkte:

Inhalt Pflege-Wartungsplan

- Identifikation des Ausgangszustands der Software,
- Prüfspezifikationen, -verfahren und -werkzeuge für neue Versionen und Varianten,
- unterstützende Organisation,
- Verfahren des Konfigurationsmanagements,
- Änderungsmanagement,
- Freigabeverfahren,
- Distributionsverfahren.

4.3.13.3 Freigabeverfahren

Das Freigabeverfahren regelt, wie eine neue Softwareversion (vollständig oder in Teilen) nach erfolgreicher Endprüfung dokumentiert, übergeben und installiert wird.

4.3.13.4 Aufzeichnungen und Berichte

Durchgeführte Wartungs- und Pflegearbeiten werden nach den Regelungen des Änderungsmanagements und des Konfigurationsmanagements dokumentiert.

In einem Freigabedokument zu einer neuen Softwareversion wird ausgewiesen:

- welche Komponenten (Software und Dokumente) geändert wurden bzw. neu sind,
- was das auslösende Element für die neue Version war (z.B. Änderungsantrag/Problemmeldung),
- wie die Installation der Version erfolgt.

4.4 Verifizieren und Validieren

4.4.1 Zweck und Anwendungsbereich

Verifizieren und Validieren sind qualitätssichernde Tätigkeiten, die in jeder Hauptaktivität und zum Abschluß jeder Hauptaktivität durchgeführt werden. Am Ende einer Hauptaktivität stehen dabei Maßnahmen im Vordergrund, die prüfen, ob die Produkte die Vorgaben vollständig und korrekt abdecken. Umfang und Verfahren der Prüfungen sind nicht allgemein festlegbar und werden für das jeweilige Projekt in den Produkten des Submodells Qualitätssicherung spezifisch fixiert. Dazu stehen bewährte und erprobte Verfahren und Mittel zur Auswahl zur Verfügung. Im folgenden Abschnitt wird der allgemeine Rahmen hierzu erläutert.

4.4.2 Planung

Einen generellen Überblick über die Zusammenhänge zwischen den Hauptaktivitäten und den Verifizierungen bzw. Validierungen gibt die Abbildung 4-4.

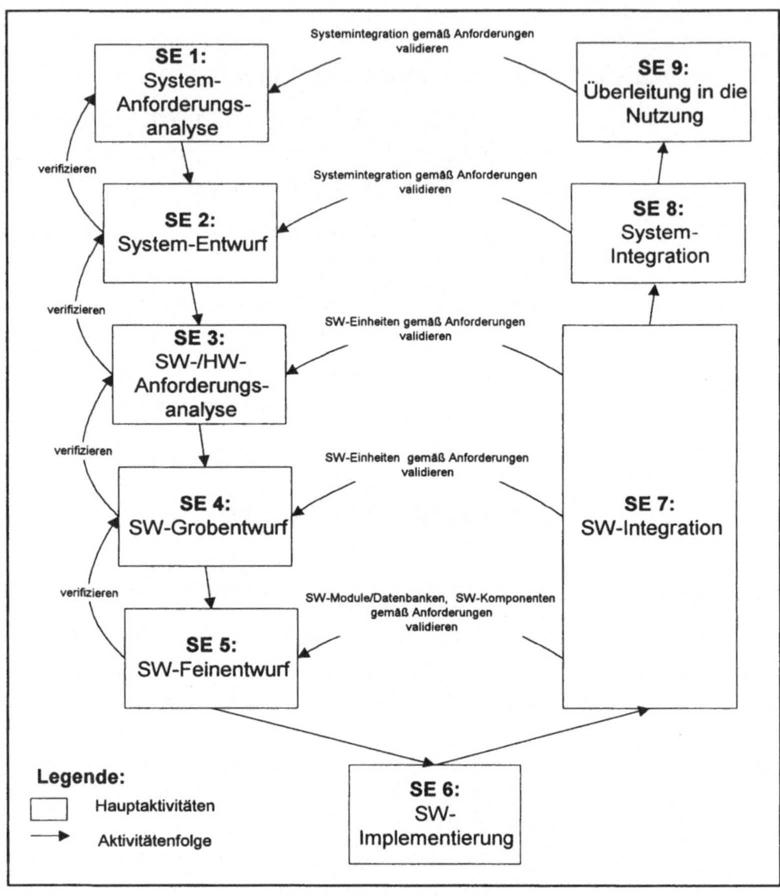

Abb. 4-4: Verifizieren und Validieren im V-Modell

Planung QS-Maßnahmen

Die allgemeinen und produktspezifischen Qualitätsmaßnahmen werden bereits in der Planung festgelegt und im QS-Plan dokumentiert. Anschließend wird das Produkt *Prüfplan* mit der Angabe der zu prüfenden Produkte, den Aufgaben und Verantwortlichkeiten bei den Prüfungen, der zeitlichen Planung und der für die Durchführung erforderlichen Ressourcen erstellt. In einem weiteren Schritt folgt die Festlegung der Prüfanforderungen und Prüfziele, der Prüfmethoden, der von den Anforderungen abgeleiteten Prüfkriterien und der Prüffälle. Dieser Schritt wird im Produkt *Prüfspezifikation* festgelegt und dokumentiert. Das Produkt *Prüfprozedur* enthält die exakten Arbeitsanweisungen für die einzelnen Schritte der Prüfung.

4.4.3 Durchführung

Durchführung der Prüfung

Die Durchführung erfolgt gemäß der Planung. Die im Produkt *Prüfprozedur* vorgegebenen Arbeitsschritte werden durchgeführt und das erwartete Ergebnis wird dem erzielten Ergebnis gegenübergestellt. Ablauf und Ergebnis sind im Produkt *Prüfprotokoll* (möglichst maschinell und reproduzierbar) dokumentiert.

4.4.4 Auswertung und Bewertung

Die Auswertung vergleicht die erwarteten Ergebnisse mit den erzielten Ergebnissen der Prüfung.

Abweichungen werden in folgende Kategorien eingeteilt:

Beispiel Fehlerkategorien

- Fehlerklasse F0 keine / geringe Bedeutung
- Fehlerklasse F1 leichter Fehler
- Fehlerklasse F2 mittlerer Fehler
- Fehlerklasse F3 schwerer Fehler
- Fehlerklasse F4 harter Fehler

Beispiel Mängelkategorien

- Mängelklasse M1 allgemeiner Mangel
- Mängelklasse M2 geänderte Forderung
- Mängelklasse M3 neue Forderung

Die Einstufung der Fehler und Mängel erfolgt nach den gestellten Qualitätsforderungen bzw. deren Erfüllung.

Neben den Einzelbewertungen wird der gesamte Prüferfolg wie folgt eingestuft:

Einstufung Prüferfolg

A) ohne Einschränkung erfolgreich,

B) mit geringen Einschränkungen erfolgreich,

C) mit einigen Einschränkungen erfolgreich,

D) nicht erfolgreich.

Bei A), B) und C) werden die nachfolgenden Hauptaktivitäten fortgesetzt. Notwendige Korrekturen werden parallel durchgeführt und zu definierten Zeitpunkten eingearbeitet. Bei D) müssen die Korrekturen vorliegen, bevor die unmittelbar folgenden Hauptaktivitäten angegangen werden können.

4.4.5 Wiederholungen

Nach Durchführung einer Korrektur sind die betroffenen Prüffälle zu wiederholen. Protokollierung und Auswertung erfolgen wie oben beschrieben. Je nach Umfang der Korrektur werden zusätzliche Prüfungen durchgeführt, damit eventuell vorhandene Nebenwirkungen der Korrektur erkannt werden können.

5 Projektbegleitende Prozesse im QMS

5.1 Konfigurationsmanagement

5.1.1 Zweck und Anwendungsbereich

Während der Entwicklungs- und Nutzungszeit einer Software werden die verschiedenen Elemente des Lieferumfanges (technische Dokumente, Quellprogramme, Handbücher usw.) mit Hilfe eines Konfigurationsmanagementverfahrens verwaltet. Aufgabe des Konfigurationsmanagements (KM) ist die eindeutige Identifizierung der Bestandteile, Zusammenhänge und Merkmale eines Produktes und die systematische Kontrolle der Integrität anstehenden Änderungen. Das KM überwacht die Elemente während des gesamten Lebenszyklus und weist die Unterschiede zwischen älteren und der aktuellen Konfiguration (Versionen und Varianten) aus. Damit werden folgende Ziele erreicht:

Ziele des Konfigurationsmanagement

- Sicherung, Archivierung und Schutz der Software,
- Sicherstellung, daß die Software in ihren Versionen und Varianten mit den gültigen Dokumenten übereinstimmt,
- Ermöglichen eines effizienten Änderungsmanagement,
- Schaffung von Software-Bibliotheken zur Verwendung in anderen Projekten und Produkten,
- Protokollierung der Entwicklung der Software während des gesamten Lebenszyklus zum Nachweis der Zustandsfolgen und zur Rückverfolgung der Entwicklungshistorie.

Als allgemeiner Begriff wird für die Elemente des Lieferumfangs die Bezeichnung Konfigurationselement (KE) verwendet. Zum Konfigurationsmanagement gehören das Verfahren selbst sowie Umfang und Aufbau der Elemente. Das Konfigurationsmanagement verwaltet somit die zentrale Datenbasis des Projektes und spiegelt zu jedem Zeitpunkt dessen aktuellen und früheren Stand wieder.

5.1.2 Kennzeichnung und Identifikation

Es wird sichergestellt, daß alle Konfigurationselemente nach Normen, Kundenspezifikationen oder eigenen internen Vorschriften systematisch gekennzeichnet werden. Damit wird erreicht, daß eine Rückverfolgbarkeit und eine Zuordnungsfähigkeit der Elemente gegeben ist. Wesentlich ist dabei die Zuordnung zu qualitätsrelevanten Dokumenten wie z.B. Prüfberichten. Damit ist es möglich, zurückzuverfolgen und erforderlichenfalls nachzuweisen, daß alle Forderungen aus Kundenspezifikationen, Normen und eigenen Vorschriften befolgt und eingehalten wurden.

Kennzeichnung von Dokumenten

Die Kennzeichnung von Dokumenten erfolgt – soweit keine anderen Kundenvorgaben bestehen – durch festgelegte Angaben auf dem Titelblatt und auf jeder Seite.

Kennzeichnung von Software

Im Quellcode zu Programmen wird – soweit technisch möglich – ein Programmkopf als Kommentar vorgeschaltet, der ebenfalls festgelegte Angaben enthält.

Kennzeichnung von Geräten

Die Kennzeichnung von Geräten und Teilen erfolgt durch Typenschilder, Aufkleber, Prägungen, Stempel oder Begleitdokumente, wenn eine direkte Kennzeichnung nicht möglich ist. Art, Ort und Inhalt der Kennzeichnung werden durch Kundenspezifikationen oder eigene Vorgaben bestimmt. Diese Kennzeichnung wird in das Konfigurationsmanagement übernommen.

Lieferschein

Elemente, die an den Auftraggeber ausgeliefert werden, werden in einem begleitenden Lieferschein mit genauer Bezeichnung und Stückzahl aufgelistet.

5.1.3 Konfigurationsmanagementplan

Im Konfigurationsmanagementplan (KM-Plan) werden die Elemente und Verfahren für das KM eines Projektes festgelegt:

- welche KE fallen an (Produktstruktur)?
- Art und Aufbau der KE,
- Versionen und Varianten,
- Zustand eines KE (wie z.B. geplant, in Bearbeitung, in Prüfung, freigegeben),
- Konventionen zur Identifikation von Konfigurationselementen,
- Umfang und Aufbau der Dokumente des Konfigurationsmanagements wie z.B. KE-Liste, Zugriffsliste, Identifikationsspezifikation,
- Methoden und Werkzeuge für das KM,
- Sicherung und Archivierung,
- Datenfluß im KM,

- zu verwendende Richtlinien für Dokumente,
- Organisation und Verantwortlichkeiten,
- Schnittstellen zu anderen Projektbeteiligten,
- Zugriffsrechte,
- Verweis auf das Änderungsmanagement,
- Verweis auf das Distributionsverfahren.

5.1.4 Konfigurationsmanagementätigkeiten

Nach Erstellung des Konfigurationsmanagementplans werden projektbegleitend folgende Aufgaben durchgeführt:

- Einrichten der KE-Datenbasis,
- Vergabe und Pflege der Zugriffsrechte,
- Fortschreiben der KE und deren Zustände,
- Auswertung der KE-Datenbasis (z.B. als Statusberichte).

Das Änderungsmanagement für die KE erfolgt gemäß Abschnitt 5.2.

5.1.5 Dokumentation und Auswertungen

Konfigurationsliste

Wichtigste Auswertung ist die Konfigurationsliste, die für jedes Konfigurationselement die folgenden Angaben enthält:

- Identifikation und Bezeichnung,
- Version / Variante mit Datum,
- Zustand (wie z.B. geplant, in Bearbeitung, in Prüfung, freigegeben, in Betrieb),
- auslösendes Moment für eine Version/Variante (z.B. Verweis auf einen Änderungsantrag),
- Verweis auf den Lagerort (z.B. File, Bibliothek, Dokument in Ordner, Lagerposition).

Distributionsliste

Ist eine Software mehrfach im Einsatz (z.B. auch in verschiedenen Varianten und Versionen), so wird dies in einer Distributionsliste ausgewiesen.

5.2 Änderungsmanagement

5.2.1 Zweck und Anwendungsbereich

Änderungen und Fortschreibungen der im Konfigurationsmanagement verwalteten Konfigurationselemente erfolgen nach einem formalisierten Verfahren um sicherzustellen, daß Änderungen (aufgrund von Fehlern, neuen/geänderten Forderungen usw.) konsistent durchgeführt und freigegeben sind, bevor sie vom Konfigurationsmanagement verbindlich übernommen werden.

5.2.2 Überwachte und nicht überwachte Dokumente

Alle Elemente im KM sind grundsätzlich überwachte Elemente, d.h. sie werden, soweit sie von einer Änderung betroffen sind, nach einem kontrollierten Verfahren geändert. Für Projektbeteiligte werden je nach Bedarf Kopien der Elemente hergestellt und verteilt (z.B. Papierkopie einer Spezifikation, Kopie eines bereits fertiggestellten Softwaremoduls für einen Entwickler). Derartige Kopien werden registriert und sind ebenfalls überwacht, d.h. sie nehmen automatisch am Änderungsmanagement teil. Kopien, die nicht aktuell für die fortschreitende Projektarbeit notwendig sind, können bei Bedarf ebenfalls verteilt werden (z.B. zur Information des Kunden, an interne Stellen). Sie werden registriert, unterliegen jedoch nicht der Aktualisierung durch das Änderungsmanagement.

5.2.3 Änderungsdienst

Änderungen und Fortschreibungen der dem Konfigurationsmanagement unterworfenen Elemente erfolgen nach einem streng formalisierten Verfahren, um sicherzustellen, daß Änderungen ordnungsgemäß und konsistent durchgeführt, freigegeben, verwaltet und verteilt werden.

Auslösendes Element für das Änderungsmanagement ist ein Problembericht/Änderungsvorschlag, der sich auf:

- eine Fehlermeldung,
- eine Mangelbeschreibung oder
- einen Änderungswunsch

bezieht.

Fehler

Fehlermeldungen beziehen sich auf ein vermutetes oder tatsächliches Fehlverhalten im Vergleich zu festgelegten Forderungen.

Mangel

Eine Mangelbeschreibung weist auf eine beabsichtigte oder eine angemessene Erwartung hin.

Änderung

Änderungswünsche betreffen nachträgliche Modifikationen oder Ergänzungen des festgelegten Leistungsumfangs (z.B. eine neue Datenbankauswertung, Änderungen in der Hardware, neue Schnittstellen zu Fremdsystemen).

Jeder Projektbeteiligte (z.B. Fachabteilung, Auftraggeber, Projektteam, Qualitätssicherung) ist berechtigt, Fehlermeldungen, Mangelbeschreibungen und Änderungsvorschläge zu stellen. Dazu verwendet der Ersteller ein Standard-Formular zur näheren Beschreibung und zur Angabe, ob es sich um einen Fehler, Mangel oder eine Änderung handelt. Das Formular wird vom Ersteller an den Problemkoordinator geleitet.

Problemkoordinator

Der Problemkoordinator registriert eingehende Berichte und veranlaßt deren Prüfung und Analyse durch z.B. das Entwicklungsteam oder die Fachabteilung. Das Ergebnis der Analyse wird in einem Analysebericht dokumentiert.

wer entscheidet?

Problemberichte/Änderungsvorschläge und Analyseberichte werden einer Entscheidungsstelle vorgelegt, die über das weitere Vorgehen entscheidet. Je nach Auftrag kann die Entscheidungsstelle der Projektleiter oder ein Kontrollgremium sein.

Bei Fehlern wird die entsprechende Korrektur direkt eingeleitet.

Vertragsänderung notwendig?

Bei Änderungswünschen, die Zeit oder Kosten verursachen, wird die Entscheidung des Auftraggebers eingeholt. Bei größeren Auswirkungen kann dies zu einer Vertragsänderung führen, die vor Durchführung der Änderung abzuschließen ist.

Verteilung

Freigegebene Änderungen werden an alle betroffenen Stellen verteilt (als überwachte Exemplare). Bei Dokumenten wird zu den Änderungen ein Änderungsnachweis erstellt, aus dem ersichtlich ist, welche Seiten geändert, neu oder entfallen sind. Bei Software (Quellcode) wird – soweit technisch möglich – der Änderungsnachweis in einem vorgeschalteten Programmkopf beigefügt. In sonstigen Fällen wird der Änderungsnachweis als Begleitdokument erstellt.

5.3 Projektmanagement

5.3.1 Zweck und Anwendungsbereich

Das Projektmanagement umfaßt die Planung, Steuerung und Kontrolle aller Projektaktivitäten und der hierzu erforderlichen Ressourcen (Personal, Material, Zeit, Kosten usw.). Es stellt sicher, daß einem Projekt die notwendigen Ressourcen zugeführt werden, der Projektfortschritt jederzeit transparent ist und das Projektziel erreicht wird.

Projektmanagement im Großen und Kleinen

Je nach Projektauftrag, Projektinhalt und Projektgröße wird das Projektmanagement unterschiedlich detailliert und umfangreich ausgeführt. Das folgende Verfahren ist ein Rahmen für das Projektmanagement, der an den konkreten Einzelfall angepaßt wird.

5.3.2 Planung

Die Projektplanung umfaßt je nach Projektart und -umfang die Festlegung folgender Planungselemente:

- Top-down Strukturierung der durchzuführenden Projektaufgaben und/oder der zu erstellenden/zu liefernden (Teil-)Produkte einschließlich der Beistellungen und Leistungen des Auftraggebers sowie der Lieferungen / Leistungen von Unterlieferanten. Dies führt zu einem Projekt- und Produktstrukturplan.
- Bestimmung der logischen Abhängigkeiten zwischen den Projektaufgaben (Vorgänger und Nachfolger),
- Personalbedarf
  - nach Qualifikation und Anzahl,
  - namentlich,
  - pro Aufgabe mit Aufwand und Zeitperiode,
- Projektorganisation (mit Einbeziehung von internen und externen Stellen),
- Bedarf an Ressourcen (z.B. Entwicklungsrechner, Tools usw.)
  - nach Art und Umfang,
  - Verfügbarkeit,
- Projektkalkulation und Kostenschätzung (einschließlich Beschaffungen),
- Zuordnung des Personal- und Ressourcenbedarfs pro Projektaufgabe mit Planaufwand und Plankosten,

- Meilensteintermine wie z.B.
  - Vertragstermine (Projektstart und -ende, Liefertermine, festgelegte Reviewtermine usw.),
  - interne Termine (z.B. durch das Qualitätswesen festgelegt),
  - Termine für Beistellungen und Lieferungen durch Unterlieferanten,
- Zeitplanung für alle Aktivitäten unter Berücksichtigung der Abhängigkeiten zwischen den Projektaufgaben, der Meilensteintermine und des Personals/der Ressourcen,
- Leistungsplanung (für z.B. Festpreisvertrag oder Vertrag mit monatlicher Abrechnung nach Aufwand).

Die Ergebnisse der Projektplanung werden in folgender Form dokumentiert:

- Strukturplan: Baumstruktur der Projektaufgaben und/ oder der Produktkomponenten,
- Arbeitsaufträge zu den Projektaufgaben,
- Netzplan (als Pert-Diagramm) zur Darstellung der Abhängigkeiten zwischen den Elementen des Projektstrukturplans (Vorgänger-/Nachfolgerbeziehungen),
- Zeitdiagramm (als. Gantt-Diagramm) zur Darstellung der zeitlichen Lage der Projektaufgaben mit Anfang und Ende, kritischem Pfad, freiem Puffer usw.,
- Meilensteinplan zur Darstellung der Meilensteine auf der Zeitachse,
- Personaleinsatzplan zur Darstellung des geplanten Mitarbeitereinsatzes pro Projektaufgabe und kumuliert auf der Zeitachse,
- Ressourceneinsatzplan: wie Personaleinsatzplan, jedoch pro Ressource,
- Kostenplan: Plankosten pro Monat und kumuliert (nach Kostenarten differenziert),
- Leistungsplan: Planleistung pro Monat und kumuliert (differenziert nach halbfertiger Leistung und Umsatz),
- Zahlungsplan: geplanter Zahlungseingang pro Monat und kumuliert (differenziert nach z.B. Anzahlung und Umsatz).

Je nach Projektart und -umfang werden nicht alle Planungselemente erstellt. Der jeweilige Umfang wird vor Projektbeginn im Projekthandbuch verbindlich festgelegt.

5.3.3 Kontrolle und Steuerung

Die Projektkontrolle beinhaltet die Erfassung der Ist-Aufwände und Ist-Kosten zum Stichtag (z.B. am Monatsende oder zu einem Meilensteintermin), die Beurteilung des erreichten Projektstandes (inhaltlich, qualitativ) und die Bewertung aus dem Soll/Ist-Vergleich.

Ist-Aufwand und Kosten

Die Ist-Aufwendungen und Kosten aus Personalleistungen werden den Monatsberichten der Mitarbeiter entnommen, welche die geleisteten Stunden auf die entprechenden Aufgaben des Projektstrukturplans kontieren. Für die Erfassung und Auswertung steht ein internes DV-Verfahren zur Verfügung. Ist-Aufwände zu anderen Ressourcen werden in ressourcenspezifischen Einheiten oder Kosten von der Verwaltung ermittelt.

Soll-/Ist Vergleich und Restbedarf

Aus dem Vergleich der Personalleistungen von SOLL- und IST-Aufwand (bis zum Stichtag) ergibt sich der rechnerische Rest für die verbleibende Projektlaufzeit/Projektaufgabe. Aus der Beurteilung des erreichten Projektfortschritts werden der noch benötigte Rest-Aufwand und die Rest-Zeit zur Fertigstellung der Projektaufgaben ermittelt. Entsprechend werden auch die Ist-Daten für die übrigen Ressourcen aufbereitet und dem Soll bzw. noch benötigten Restbedarf gegenübergestellt.

Meilensteintrend-analyse

Ein wichtiges Hilfsmittel zur Beurteilung ist die Meilensteintrend-analyse, in der den anfänglich geplanten Terminen die monatlich ermittelten neuen Plantermine gegenübergestellt werden.

Risikomanagement

Besondere Bedeutung hat das Risikomanagement, das kritische Aktivitäten und Ereignisse im Projektverlauf rechtzeitig erkennen muß und vorsorgliche Maßnahmen vorbereitet, einleitet und kontrolliert.

Projektsteuerung

Die Projektsteuerung umfaßt neben der Bereitstellung der erforderlichen personellen und materiellen Ressourcen die Planung und Durchführung von Maßnahmen, die bei kritischen Abweichungen im Projektablauf notwendig sind. Mögliche Ursachen für Abweichungen sind z.B.:

- Mehraufwand wegen unterschätzter Komplexität,
- Verzögerungen wegen fehlender Ressourcen,
- nicht termingerechte Beistellungen oder Lieferungen,
- Designfehler,
- nachträgliche Modifikationen von Anforderungen.

Die zu ergreifenden Maßnahmen verfolgen im allgemeinen das Ziel, das Projekt möglichst nahe wieder in den Planungszustand zu versetzen, der zu Projektbeginn vorgesehen war.

5.3.4 Projektbesprechungen

interne Besprechungen

Projektbesprechungen mit dem Projektteam führt der Projektleiter regelmäßig durch. Diese Besprechungen dienen der Projektklärung und der Beurteilung des Projektstandes.

externe Besprechungen

Projektbesprechungen mit dem Auftraggeber erfolgen nach den Festlegungen und Regelungen des Vertrages.

Über durchgeführte Besprechungen wird ein Protokoll geführt.

5.3.5 Dokumentation

Planungsdokumente, Projektakte

Die Dokumentation umfaßt die in den Abschnitten 5.3.2 und 5.3.3 aufgeführten Elemente sowie die Ist- und Prognose-Auswertungen. Diese und die Dokumentation über im Projektverlauf aufgetretene Probleme usw. werden als Projekthistorie in der Projektakte abgelegt.

Sachstandsberichte

In allen Aufträgen wird ein periodischer Sachstandsbericht (z.B. monatlich) vom Projektleiter erstellt. Dieser Bericht dient auch der regelmäßigen Information des Auftraggebers über den erreichten Projektfortschritt.

Der Sachstandsbericht enthält folgende Informationen:

- im Berichtszeitraum durchgeführte Aktivitäten und erzielte Ergebnisse,
- durchgeführte Besprechungen und Reviews mit dem Auftraggeber,
- Aktionsliste (was ist bis wann durch wen zu erledigen?),
- Zeit-/Meilensteinplan,
- Meilensteintrendanalyse,
- Liste der Konfigurationselemente und deren Status,
- Kosten-/Aufwandsbericht (soweit mit dem Auftraggeber vereinbart).

Sonderberichte

Bei außergewöhnlichen Ereignissen, die den geplanten Projektablauf erheblich beeinträchtigen, wird ein Sonderbericht erstellt. Sonderberichte sind formlos, beinhalten jedoch mindestens folgende Punkte:

- Ursachen der Projektstörung,

- Auswirkungen bisher und in Zukunft,
- mögliche bzw. bereits eingeleitete Maßnahmen und deren Auswirkungen.

Projektabschlußbericht

Nach Abschluß eines Projektes erstellt der Projektleiter einen Projektabschlußbericht als zusammenhängende Darstellung des Projektverlaufs. Dabei wird das erzielte Ist-Ergebnis in Relation zum Vertrag und zur Projektplanung gesetzt, und es werden Empfehlungen für künftige Projekte dargestellt.

Zur Unterstützung des Projektleiters werden geeignete Softwarepakete für das Projektmanagement eingesetzt.

5.4 Qualitätssicherung

Qualitätssicherung umfaßt die projektspezifischen Maßnahmen im Rahmen des QMS.

Qualitätsforderungen festlegen

Die Qualitätsforderungen an ein zu entwickelndes System werden ausgehend vom Auftrag stufenweise verfeinert und in den jeweiligen Entwicklungsschritten verifiziert und validiert.

Konstruktive, analytische und administrative Maßnahmen werden zur Planung, Steuerung und Kontrolle der allgemeinen und projektspezifischen „Qualitätsforderungen" ergriffen.

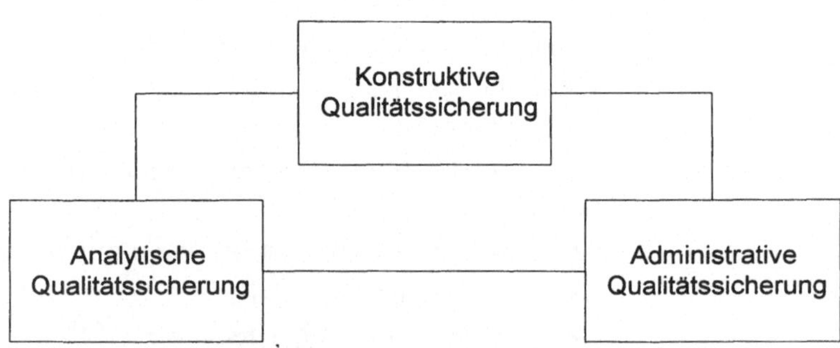

Abb. 5-1: Bereiche der Qualitätssicherung

5.4.1 Konstruktive Maßnahmen

Die konstruktiven Maßnahmen umfassen die:

- Festlegung der Prozesse und Ergebnisse (Produkte) der Softwareentwicklung einschließlich der anzuwendenden Methoden und Werkzeuge,

- Planung der Projektentwicklung nach Aufgaben, Terminen, Ressourcen usw.,
- Festlegung der Verfahren zur Verwaltung der Projektergebnisse nach Versionen und Varianten einschließlich des Änderungsmanagements,
- Festlegung von konkreten Qualitätsanforderungen an die Prozesse der Projektentwicklung und an die (Zwischen-) Produkte in einer operationalisierbaren Form. Dazu werden Qualitätsmerkmale und Qualitätsmaße sowie Zielgrößen, die über Messungen, Abschätzungen oder Vorhersagen erfaßbar und bewertbar sind, festgelegt.

Die konstruktiven QS-Maßnahmen werden projektspezifisch in folgenden Dokumenten festgelegt:

- Projekthandbuch,
- Projektplan,
- QS-Plan,
- KM-Plan.

In Abhängigkeit vom Projekt können ein oder mehrere der o.a. Pläne zusammengefaßt werden (als Ergebnis des Tailoring).

5.4.2 Administrative Maßnahmen

Konfigurationsmanagement und Änderungsmanagement

Die administrative Qualitätssicherung regelt die Erfassung, Verwaltung und Kontrolle der System-Konfigurationen von Projekten und Produkten und das Änderungsmanagement. Eine Konfiguration umfaßt dabei nicht nur die eigentliche Hard-/Software und deren Komponenten, sondern auch die zugehörigen Dokumente (wie Spezifikationen, Handbücher usw.).

5.4.3 Analytische Maßnahmen

Prüfen und Testen

Analytische Maßnahmen der Qualitätssicherung prüfen und bewerten, ob ein Prüfgegenstand (ein Prozeß oder ein Entwicklungsergebnis) die festgelegten Qualitätsanforderungen erfüllt.

Die von den analytischen Qualitätssicherungsmaßnahmen betroffenen Produkte und Aktivitäten sowie die entsprechenden Prüfmaßnahmen werden projektspezifisch festgelegt im/in:

- Projektauftrag (Vertrag),
- QS-Plan,
- Prüfplänen,

- Prüspezifikationen,
- Prüfprozeduren.

Die erzielten Prüfergebnisse werden in

- Prüfprotokollen (=Qualitätsaufzeichnungen)

dokumentiert.

Analytische Qualitätssicherungsmaßnahmen erfolgen in Form von:

- Selbstprüfungen/Eigenprüfungen (Prüfung durch den/die Ersteller des Prüfgegenstandes),
- QS-Prüfungen durch eine unabhängige Qualitätssicherung,
- Prüfungen durch den Auftraggeber.

5.5 Lenkung der Dokumente

5.5.1 Zweck und Anwendungsbereich

In diesem Abschnitt werden die Verfahren für die Bereitstellung gültiger Unterlagen beschrieben. Durch die Maßnahmen zur Prüfung, Freigabe, Verteilung, Änderung und Archivierung von Dokumenten wird sichergestellt, daß nur gültige und freigegebene Unterlagen im Projekt verwendet werden.

5.5.2 Dokumententypen

Von der Dokumentenlenkung sind alle Daten und Dokumente betroffen, die zur Sicherstellung der Qualität erforderlich sind. Dazu gehören:

- alle Unterlagen zur Beschreibung und Aufrechterhaltung des Qualitätsmanagementsystems,
- Unterlagen zur Erfüllung der Qualitätsforderungen der im Unternehmen zu erbringenden Dienstleistungen,
- auftrags-/projektbezogene Unterlagen.

Die QMS-bezogenen Dokumente sind bereits im Abschnitt 3.2.2 aufgeführt.

Die Unterlagen zur Erfüllung der Qualitätsanforderungen der im Unternehmen intern zu erbringenden Dienstleistungen umfassen:

Beispiele

- Dokumentation zu Produkten,
- Richtlinien zur Verfahrensweise und Dokumentation im Entwicklungs und Support-Zentrum für Produkte,

- Vertragsdaten,
- Abrechnungsdaten,
- intern genutzte EDV-Programme,
- administrative Richtlinien.

Auftrags-/projektbezogene Unterlagen sind spezifisch im Auftrag bzw. im Qualitätssicherungsplan oder Projekthandbuch festgelegt. Hierzu gehören z.B.:

Beispiele

- Pflichten-/Lastenheft zum Auftrag,
- Konzept- und Spezifikationsdokumente,
- Quellcode,
- technische Dokumentation,
- Installations- und Generierungsanweisungen,
- Test- und Prüfspezifikationen,
- Handbücher für Bediener, Benutzer etc.,
- Schulungsunterlagen,
- Wartungsunterlagen,
- Unterlagen des Projektmanagements,
- Qualitätssicherungsplan,
- Projekthandbuch,
- Testnachweise,
- Qualitätsdokumentation,
- Konfigurationsliste,
- Distributionsliste.

5.5.3 Prüfung und Herausgabe von Dokumenten

5.5.3.1 QMS-bezogene Dokumente

Die Zuständigkeiten und Verfahren für die Erstellung, Prüfung, Freigabe, Verteilung, Änderung und Archivierung dieser Dokumente sind in den Abschnitten 3.2 und 3.4 beschrieben.

5.4.3.2 Dokumente/Ergebnisse zu Dienstleistungen

Grundsätzlich gelten für diese Unterlagen die Regelungen in den Abschnitten 3.4, 5.1 und 5.2.

5.5.3.3 Auftrags-/Projektbezogene Unterlagen

Die entsprechenden Regelungen und Verantwortlichkeiten für die Erstellung, Prüfung, Genehmigung und Herausgabe dieser Dokumente/Ergenisse werden projektspezifisch im Projekthandbuch geregelt. Grundsätzlich gelten die Festlegungen in den Abschnitten 5.1 und 5.2.

Erstellen und prüfen

Die Erstellung der Dokumente/Ergebnisse erfolgt durch die in der Projektplanung festgelegten Mitarbeiter. Bei der Prüfung wird sichergestellt, daß alle Forderungen aus Verträgen, Normen, Gesetzen und Richtlinien richtig und vollständig berücksichtigt wurden. Dies gilt sowohl für die Eigenprüfung durch die Ersteller als auch für die unabhängige Prüfung durch Personal, das die betreffenden Dokumente/Ergebnisse nicht erstellt hat. Nach erfolgreicher Prüfung erfolgt die Genehmigung und Freigabe. Soweit vorgesehen ist dabei auch der Auftraggeber eingebunden.

Verteilen

Die Verteilung der Dokumente/Ergebnisse erfolgt nach einem festgelegten Verteiler.

5.4.4 Änderung von Dokumenten

Die Änderung von Dokumenten/Ergebnissen erfolgt wie in Abschnitt 5.2 beschrieben.

5.6 Qualitätsaufzeichnungen

5.6.1 Zweck und Anwendungsbereich

Qualitätsaufzeichnungen geben Aufschluß über die Durchführung und Erfüllung einer Projektleistung und die Wirksamkeit des eingeführten Qualitätsmanagementsystems. Der folgende Abschnitt beschreibt die Maßnahmen zur Erstellung, Sammlung, Kennzeichnung und Archivierung von Qualitätsaufzeichnungen. Besonderen Wert wird darauf gelegt, daß alle Dokumente/Ergebnisse den Nachweis umfassen, daß die festgelegten Prüfungen tatsächlich durchgeführt wurden und die Prüfergebnisse so zufriedenstellend waren, daß sie zur weiteren Verwendung freigegeben wurden.

5.6.2 Wirksamkeit des Qualitätsmanagementsystems

Hierzu gehören die Dokumente aus den Audits des QMS gemäß Abschnitt 3.3. Die Verfahren zur Erstellung und Archivierung sind ebenfalls dort festgelegt.

5.6.3 Qualitätsaufzeichnungen von Lieferanten

Dokumente und Qualitätsaufzeichnungen von Lieferanten werden bei Anlieferung systematisch registriert, geprüft und zugeordnet. Prüfungsumfang und -verfahren werden fallweise festgelegt.

5.6.4 Projektbezogene Qualitätsaufzeichnungen

Die Verfahren zur Prüfung der Ergebnisse in einem Projekt und deren Dokumentation werden im Qualitätssicherungsplan / Projekthandbuch festgelegt.

5.6.5 Archivierung

Technische Qualitätsaufzeichnungen werden zentral vom QMB oder in der Projektakte archiviert. Kaufmännische Qualitätsaufzeichnungen wie z.B. Bestellungen, Lieferscheine, Rechnungen, Kostenberichte werden in der Verwaltung archiviert. Personenbezogene Aufzeichnungen (z.B. Qualifikationsprofile, Ergebnisse aus den jährlichen Mitarbeitergesprächen, Nachweise zu Mitarbeiterschulungen) werden in den Personalakten abgelegt. Soweit keine besonderen Festlegungen im Einzelfall bestehen, gelten folgende Archivierungszeiten:

Archivierungszeiten festlegen

- QMS-Audits x_1 Jahre,
- Projektaufzeichnungen x_2 Jahre,
- Kaufmännische Unterlagen x_3 Jahre,
- Personenbezogene Unterlagen x_4 Jahre.

Die Aufbewahrungsfristen sind vom Unternehmen unter Berücksichtigung der geltenden Gesetze und Normen festgelegt.

5.7 Gesetze und Vorschriften

Die Befolgung von Gesetzen und die Anwendung von Normen, Vorschriften, Regeln und Anweisungen dienen der Vertragserfüllung sowie der Standardisierung. In den im Abschnitt 3.2.2 ausgewiesenen Dokumenten sind die Regeln und Praktiken festgelegt, die das Qualitätsmanagementsystem wirksam machen.

im Projekthandbuch festlegen

Die Einhaltung von Gesetzen und Vorschriften wird beachtet und in Reviews, Audits und Tests überprüft. Welche Gesetze, Vorschriften usw. jeweils zu beachten sind, wird im Projekthandbuch festgelegt.

Beispiele sind:

Beispiele

- DIN/ISO-Normen,
- Bundesdatenschutzgesetz (BDGS),
- Sicherheitsvorschriften (des Gewerbeaufsichtsamtes, TÜV),
- Grundsätze ordnungsgemäßer Buchführung (GoB),
- Grundsätze ordnungsgemäßer Steuerbuchführung (GoS),
- Grundsätze ordnungsgemäßer Datenverarbeitung (GoDV),
- Umweltschutzvorschriften,
- Information Technology Security Evaluation Criteria (ITSEC).

Vorgaben, die von genereller Bedeutung für das Unternehmen sind, werden vom QMB beschafft, verwaltet und bereitgestellt. Die Beschaffung und Verwaltung von projektrelevanten Gesetzen und Vorschriften erfolgt durch den Projektleiter oder den QMB.

5.8 Methoden und Werkzeuge

Die Anwendung von Methoden und der Einsatz von Werkzeugen dienen der Vertragserfüllung, der Standardisierung, der Produktivitätssteigerung, der Qualitätsverbesserung und der Transparenz in der Entwicklung.

Der Einsatz von Softwarewerkzeugen (Tools) erfolgt in den Aufgabenfeldern:

- Systementwicklung (Design, Entwicklung und Wartung),
- Qualitätssicherung,
- Konfigurationsmanagement,
- Änderungsmanagement,
- Projektmanagement.

projektspezifische Festlegungen

Welche Methoden und Werkzeuge in den einzelnen Projektphasen bzw. übergreifend zum Einsatz kommen, ist im Muster-Qualitätssicherungsplan/Muster-Projekthandbuch bzw. projektspezifisch im jeweiligen Projekthandbuch bzw. Qualitätssicherungsplan festgelegt.

Es werden nur solche Methoden und Werkzeuge eingesetzt, die nachweislich geeignet sind, die Projektentwicklung zu unterstützen oder die Projektergebnisse zu verifizieren.

5.9 Messungen und Prüfmittel

Messungen (und im weiteren Sinne auch Beobachtungen, Abschätzungen und Voraussagen) werden regelmäßig auf der Ebene des QMS und der laufenden Projekte durchgeführt. Dazu stehen Methoden und Mittel zur Verfügung, die projektübergreifend, phasenspezifisch oder aufgabenspezifisch sind. Erfaßte Daten werden gesammelt und in unterschiedlichen Formen ausgewertet. Für die Auswertungen werden statistische Methoden eingesetzt.

messen, beobachten, abschätzen, vorhersagen

Auf der Ebene des QMS dienen Messungen (Beobachtungen, Abschätzungen und Voraussagen) als Grundlage für die Beurteilung der Wirksamkeit und Wirtschaftlichkeit des QMS in Bezug auf die Qualitätspolitik, die generellen Qualitätsziele des Unternehmens und die Qualitätsmanagementelemente. Aus den regelmäßigen Audits des QMS resultieren Korrekturmaßnahmen und Qualitätsverbesserungsprogramme.

Qualität der Prozesse und Produkte

Messungen, Beobachtungen, Abschätzungen und Voraussagen werden im Projektablauf durchgeführt, um den Entwicklungsprozeß zu beurteilen und zu leiten und die Qualität des jeweiligen Softwareproduktes zu bestimmen. Damit wird sichergestellt, daß regelmäßig Kennzahlen und qualitative Bewertungen zur Verfügung stehen, die Auskunft über den Grad der Zielerreichung geben. Abweichungen werden somit rechtzeitig erkannt und durch geeignete Korrektur- und Verbesserungsmaßnahmen beseitigt.

schätzen statt messen

Für die Softwarequalität stehen bisher noch keine allgemein anerkannten und praktikablen Meßmethoden und Metriken zur Quantifizierung von Softwaremerkmalen zur Verfügung, so daß man sich in vielen Fällen auf qualitativ formulierte Forderungen abstützen muß. In diesen Fällen entziehen sich die erreichten Ausprägungen der Qualitätsmerkmale meist auch direkten Messungen und müssen durch Beobachtungen, Reviews usw. abgeschätzt oder prognostiziert werden.

im QS-Plan festlegen

Umfang und Verfahren der Messungen werden im Qualitätssicherungsplan eines Projektes spezifisch festgelegt.

In jeder Systementwicklung werden soweit möglich und sinnvoll folgende Messungen, Auswertungen und Beurteilungen durchgeführt:

- Defektdatensammlung
  - Aufzeichnung der aufgetretenen Fehler während der Entwurfsphasen, der Entwicklung und in der Nutzung,
  - Zuordnung der Fehler auf die Hauptaktivität, in der die Fehler erzeugt wurden, und auf die betroffenen System-Komponenten,
  - Ermittlung der Fehlerhäufigkeit pro Komponente/Teilsystem mit Darstellung der Fehlerentwicklung auf der Zeitachse,
  - Ermittlung der Korrelation zwischen Fehlerbehebungskosten und Zeitpunkt von Fehlerverursachung und Fehlererkennung.
- Durchführung einer Pareto-Analyse zur Ermittlung der besonders fehleranfälligen/fehlerbehafteten Komponenten,
- Trendermittlung zum DV-Ressourcenverbrauch (z.B. Antwortzeitverhalten, Speicherplatzbedarf intern/extern).

Werkzeuge und Prüfmittel

Für die Durchführung von Messungen werden Werkzeuge und freigegebene Meß- und Prüfmittel eingesetzt. Soweit nach ihrer Art erforderlich, werden Meß- und Prüfmittel in regelmäßigen Intervallen überprüft. Die Durchführung der Überprüfungen von Geräten erfolgt nach den Vorschriften der Gerätehersteller und wird dokumentiert.

5.10 Beschaffung

5.10.1 Zweck und Anwendungsbereich

Beschaffungen bei Lieferanten werden durchgeführt für Produkte und Dienstleistungen des eigenen Bedarfs (z.B. den Aufbau oder den Ausbau der eigenen DV-Infrastruktur) und für die Integration in den Liefer- und Leistungsumfang an einen Kunden.

Unter Beschaffungen fallen somit:

Beispiele

- Kauf, Leasing, Miete von Hard- und Software,
- Entwicklungen durch andere System-/Softwarehäuser (als Werk- und Dienstleistungsverträge),
- Einsatz von freien Mitarbeitern,
- Übernahme von Dienstleistungen im Outsourcing,
- Vergabe von Beratungs- und Schulungsleistungen,
- wichtige Betriebsmittel.

qualitätsrelevante Beschaffungen

Das im folgenden Abschnitt beschriebene Verfahren stellt sicher, daß die zu beschaffenden Produkte/Dienstleistungen (einschließlich Dokumentation) rechtzeitig vorhanden sind und den gestellten Anforderungen genügen. Von dieser Regelung sind nur solche Beschaffungen betroffen, die qualitätsrelevant sind.

Fremdbedarf

Bei direkter Verwendung einer Beschaffung für Kunden werden Umfang, Leistungsmerkmale, Termine und Kosten im allgemeinen bereits in der Angebotsphase ermittelt. In wichtigen Fällen werden dem eigenen Angebot an den Kunden die entsprechenden verbindlichen Angebote der Lieferanten bereits unterlegt. Ist dies nicht möglich oder notwendig, so werden entsprechende Vorkehrungen zu Qualität, Kosten und Zeit getroffen.

Der Lieferant bleibt in der Pflicht

Die im folgenden dargestellten Maßnahmen befreien den Lieferanten nicht von seiner Verantwortung zur Bereitstellung von Produkten/Dienstleistungen, welche die konkreten Bestellanforderungen und die allgemein gültigen Normen und Regeln (z.B. nach Stand der Technik, gesetzliche Auflagen) erfüllen.

5.10.2 Auswahl von Lieferanten

Lieferanten, die Produkte liefern oder Dienstleistungen erbringen, welche die Qualität der eigenen Lieferungen und Leistungen wesentlich beeinflussen, werden sorgfältig ausgewählt. Die Auswahlkriterien betreffen sowohl das Produkt/die Dienstleistung als auch den Lieferanten selbst. Typische Kriterien sind:

Beispiele

- Erfüllung der funktionalen/technischen Spezifikationen,
- allgemeine und spezifische Qualitätsanforderungen,
- Einhaltung von Normen und Regeln,
- Preise,
- Liefertermine,
- Marktgängigkeit des Produktes (Referenzen),
- bisherige Erfahrungen mit dem Lieferanten.

5.10.3 Maßnahmen der Lieferanten

Qualitätsmaßnahmen festlegen

Im Rahmen des Bestellvorgangs und während der Erstellung des Produktes bzw. der Erbringung der Dienstleistung sollte der Lieferant die von ihm ergriffenen oder geplanten qualitätsbezogenen Maßnahmen offen legen. Umfang, Intensität und Verfahren hängen von der Bedeutung des Produktes / der Dienstleistung und der Lieferhäufigkeit ab.

5.10.4 Bestellvorgang

Auftragskonditionen prüfen

Handelt es sich um die Beschaffung eines Produktes/einer Dienstleistung, das/die als Teil des eigenen Auftrages später an den Auftraggeber übergeben wird, so werden – wenn vom Auftraggeber gefordert – die eigenen Auftragskonditionen an den Lieferanten weitergegeben.

Regeln zum Bestellen

Der eigentliche Bestellvorgang wird nach den im Unternehmen festgelegten Regelungen initiiert, geprüft und durchgeführt. Bei Investitionen wird zusätzlich eine Investitionsrechnung erstellt.

Auftragsbestätigung prüfen

Die schriftliche Bestellung an den Lieferanten erfolgt durch die Verwaltung. Die Auftragsbestätigung des Lieferanten wird auf Übereinstimmung mit der Bestellung geprüft.

5.10.5 Überwachung der Lieferanten

die Überwachung muß angemessen sein

Handelt es sich bei der Bestellung nicht um handelsübliche Lagerware, sondern um eine Spezialentwicklung oder eine besondere Dienstleistung, so werden mit dem Lieferanten entsprechende Vereinbarungen zur entwicklungsbegleitenden Kontrolle getroffen (bezüglich Termine, Fertigstellungsgrad, Qualität usw.). Umfang, Intensität und Verfahren der Überwachung hängen von der Bedeutung des Produktes/der Dienstleistung sowie von der Lieferhäufigkeit ab und müssen in einem wirtschaftlichen Verhältnis zum Erfolg stehen.

5.10.6 Validierung von beschafften Produkten/Dienstleistungen

formale Prüfung

Mitarbeiter des Projektes überprüfen bei Lieferung das Produkt/ das Ergebnis der Dienstleistung zunächst auf Identität, Vollständigkeit und Beschaffenheit gemäß der Bestellung.

Prüfung durch Gebrauch

Bei Hard- und Software erfolgt anschließend die Installation und Prüfung, die für das Bestellobjekt vorher festgelegt wurde. Unstimmigkeiten werden dokumentiert und beim Lieferanten reklamiert. Wie im Einzelfall zu verfahren ist, wird mit der Verwaltung abgestimmt und mit dem Lieferanten geregelt. Bei ordnungsgemäßer Lieferung erfolgt die Annahme- oder Abnahmeerklärung an den Lieferanten. Das Recht zur späteren Reklamation wegen Liefer- und Qualitätsmängel bleibt von der Abnahme/Annahme unberührt. Bei partieller oder vollständiger Neulieferung wird die Eingangsprüfung entsprechend wiederholt. Notwendige Bestelländerungen nach Liefereingang werden mit der Verwaltung und dem Lieferanten geklärt.

Annahme einer Dienstleistung

Bei Dienstleistungen wird die erbrachte Leistung nach vorher festgelegten Kriterien überprüft und angenommen.

5.10.7 Einsatz von freien Mitarbeitern

freie Mitarbeiter auf das QMS verpflichten

Freiberufliche Mitarbeiter, die in einem internen oder externen Projekt eingesetzt werden, werden vertraglich verpflichtet, die Grundsätze des QMS, die entsprechenden Verfahrens- und Arbeitsanweisungen sowie die jeweils geltenden Gesetze, Verordnungen, Normen usw. einzuhalten. Freien Mitarbeitern wird der Zugang zu den entsprechenden Unterlagen ermöglicht

Die Einhaltung der Verpflichtungen wird überprüft.

5.11 Beistellungen des Auftraggebers

5.11.1 Zweck und Anwendungsbereich

Unter Beistellungen werden allgemein Materialien oder Teile verstanden, die vom Auftraggeber geliefert und für den eigenen Auftrag verwendet, verarbeitet oder integriert werden. Sind Beistellungen des Auftraggebers für die eigene Leistungserbringung notwendig, so werden diese bereits im Angebot und Vertrag spezifiziert und nach Umfang, Termine, Kosten usw. festgelegt.

Typische Beispiele für Beistellungen sind:

Beispiele

- Hard- und Software für eine bestimmte Projektzeit,
- Dokumente wie z.B. Fachspezifikationen,
- Testdaten,
- Bereitstellung von Rechenzeit auf Anlagen des Auftraggebers,
- spezielle Testgeräte.

Beistellungen werden in der Projektplanung und Systementwicklung ebenso behandelt wie Bestellungen bei Lieferanten.

5.11.2 Validierung von Beistellungen

Beistellungen bei Eingang prüfen

Sinngemäß gelten hier die Verfahren des Abschnitts 5.10.6. Neben der Eingangsprüfung werden, soweit zutreffend, regelmäßige Prüfungen während der Dauer der Beistellung durchgeführt. Sind vom Auftraggeber spezielle Forderungen für die Behandlung, Lagerung, Nutzung, Wartung/Pflege, Transport usw. der Beistellungen gestellt, so werden diese Bestandteil der internen Qualitätssicherungsmaßnahmen. Eingang und Ausgang von Beistellungen werden registriert und ggf. in das Konfigurationsmanagement übernommen.

Bei Bedarf werden für Beistellungen Versicherungen (z.B. Schwachstromversicherung) abgeschlossen. Bei Beschädigungen oder Verlust wird der Auftraggeber umgehend informiert.

5.12 Leistungen des Auftraggebers

5.12.1 Zweck und Anwendungsbereich

Sind Leistungen des Auftraggebers für die eigene Leistungserbringung notwendig, so werden diese bereits im Angebot und Vertrag ausdrücklich nach Inhalt, Umfang, Termine, Kosten usw. festgelegt.

Typische Beispiele für Beistellungen sind:

Beispiele

- Prüfung eines Dokumentes innerhalb einer bestimmten Zeit,
- Erbringung einer Teilleistung,
- Erstellen der Abnahmespezifikationen,
- Unterstützung bei Tests in der Produktionsumgebung,
- Mitwirkung bei der Schulung der Anwender.

5.12.2 Überprüfung

Leistungen des Auftraggebers werden terminlich und inhaltlich überwacht. Sinngemäß gelten auch hier die Abschnitte 5.10.5 und 5.10.6.

5.13 Kundenbetreuung

5.13.1 Zweck und Anwendungsbereich

Der folgende Abschnitt legt die Grundzüge der Kundenbetreuung in der Pre-Sales-, Projektdurchführungs- und Post-Sales-Phase fest. Damit wird sichergestellt, daß der Kunde in jeder Phase kompetente Ansprechpartner hat und im Unternehmen ein genaues Bild über die Kunden besteht. Hieraus ergeben sich wichtige Indikatoren zur Ermittlung der Kundenzufriedenheit.

5.13.2 Organisation und Verfahren

Die Kundenbetreuung erfolgt differenziert für Projekte/Dienstleistungen und Produkte.

Beispiele

- Für Projekte/Dienstleistungen:
  - in der Pre-Sales Phase: durch den Vertrieb,
  - in der Durchführungsphase: durch Projektleiter und Vertrieb in Abstimmung,
  - nach Projektabschluß: durch den Vertrieb.
- Für Produkte:
  - in der Pre-Sales Phase: durch den Produktvertrieb,
  - in der Nutzungsphase: durch die Supportgruppe.

Vertrieb, Projektleiter und die Support-Gruppe werden bei Bedarf durch Entwicklungspersonal unterstützt. Für die Betreuung durch Vertrieb und Projektleiter bestehen Anweisungen zur Dokumentation von Kundenanfragen und Kundendienstarbeiten.

Die Produkt-Support-Gruppe verfährt nach festgelegten Verfahren zur Aufnahme, Bearbeitung und Rückmeldung von Kundenanfragen und - reklamationen.

5.14 Lieferung und Versand

5.14.1 Zweck und Anwendungsbereich

Im folgenden Abschnitt sind die Abläufe zur Verpackung und Lieferung von Dokumenten, Software, Geräten usw. geregelt. Damit wird sichergestellt, daß Lieferungen den Kunden ordnungsgemäß, sicher und nachvollziehbar erreichen.

5.14.2 Liefermedien

Die Wahl des Liefermediums hängt von der Art und Beschaffenheit des Lieferobjektes und den Vereinbarungen mit dem Kunden ab.

Beispiele

Lieferobjekt	**Liefermedium**
Dokumente	Papier
	Datenträger
	Datenübertragung
Software	Datenträger
	Datenübertragung
Hardware	Objekt selbst

Bei Lieferung in elektonischer Form wird sichergestellt, daß die übermittelten Programme, Daten und Dokumente frei von Viren sind. Hierzu werden Anti-Virenprogramme nach Stand der Technik eingesetzt.

5.14.3 Verpackung

Die Wahl der geeigneten Verpackung hängt von der Art und Beschaffenheit des Lieferobjektes, dem Liefermedium und der Transportart ab.

Beispiele

Liefermedium	**Verpackung**
Papier	Umschlag, Karton
Datenträger	wattierter Umschlag
	spezielle Verpackungen wie z.B. Disketten-Box
Hardware	Karton, Container

Lieferungen von Vertragsgegenständen werden grundsätzlich von einem Lieferschein begleitet, in dem Anzahl, Umfang und Bezeichnung der Liefergegenstände und der Bezug zum Vertrag ausgewiesen sind. Bei vertragsrelevanten Lieferungen, die z.B. mit einer Vertrags- oder Zahlungsverpflichtung des Auftraggebers verbunden sind, sollte der Auftraggeber den Lieferempfang schriftlich bestätigen. Werden durch eine Lieferung zeitgebundene Aktionen des Auftraggebers ausgelöst (z.B. Durchführung einer Prüfung mit anschließender Abnahme innerhalb einer festgelegten Frist), so wird im Lieferschein hierauf verwiesen.

5.14.4 Versand und Transport

Für den Transport zum Empfänger werden in Abhängigkeit vom Einzelfall folgende Möglichkeiten genutzt:

Beispiele

- gelbe Post (Brief- und Paketdienst),
- Bahn (normal, Expreß, IC),
- privater Paketdienst,
- mit Boten,
- persönlich,
- Luftpost,
- Telefax,
- elektronischer Datentransfer (wie z.B. email, File-Transfer).

Im Bedarfsfall werden zusätzliche Sicherungsmaßnahmen ergriffen (z.B. Einschreiben, Empfangsbestätigung, Wert-Versicherung, Lieferung mit garantierter Lieferzeit). Einem Telefax und einer email werden für die interne Ablage das Sendeprotokoll beigefügt. Bei wichtigen Vorgängen folgt einem Versand per Telefax/email die zusätzliche Lieferung des Originals als Brief.

5.14.5 Distribution von Standardprodukten

Die Distribution von Standardprodukten nach erfolgter Versionsfreigabe ist in einer Qualitätsmanagement-Arbeitsanweisung geregelt.

5.15 Statistische Methoden

Neben den üblichen kaufmännischen Staistiken wird der Bedarf für den Einsatz von statistischen Methoden in Projekten/Dienstleistungen projektspezifisch ermittelt und im jeweiligen Qualitätssicherungsplan festgelegt.

Statistische Methoden auf Unternehmensebene werden z.B. angewendet auf die Aspekte:

Beispiele

- Ermittlung der Kundenzufriedenheit,
- Firmenimage am Markt,
- Fluktuationsrate der Belegschaft,
- Umsatzentwicklung,
- Bilanzentwicklung,
- Auftragsbestand (kurz-/mittelfristig),
- Gewinnentwicklung.

Projektspezifische Statistiken werden i.d.R. geführt bzgl.:

Beispiele

- Gewährleistungsaufwand in Relation zum Projektvolumen,
- Planungsgüte (Relation der Zeit- und Kostenschätzung für ein Projekt in Bezug auf die Ist-Daten),
- Deckungsbeitrag der Projekte,
- Erfüllung der Qualitätsforderungen.

5.16 Qualitätszirkel

Als begleitende Maßnahme zur Aufrechterhaltung und Pflege des Qualitätsmanagementsystems ist ein Qualitätszirkel im Unternehmen eingerichtet, der die Aufgabe hat, das eingeführte Qualitätsmanagementsystem aus der täglichen Praxis heraus zu analysieren und zu beurteilen. Hieraus ergeben sich wichtige Impulse für die Verbesserung und den Ausbau des QMS, die u.a. in die Audits des QMS eingehen. In diesem Gremium werden die Korrektur- und Verbesserungsvorschläge analysiert, bewertet und umgesetzt.

Der Qualitätszirkel setzt sich aus Vertretern der verschiedenen Organisationseinheiten zusammen:

Beispiele

- Qualitätsmanagementbeauftragter,
- Bereichsleiter,
- Projektleiter,
- Mitarbeiter aus der Qualitätssicherung.

5.17 Datensicherung

Die Programme und Daten auf den Computersystemen des Unternehmens werden regelmäßig auf permanenten Speichermedien gesichert. Die Aufbewahrung der Sicherungen erfolgt in feuerfesten und gesicherten Schränken. In wichtigen Fällen werden zusätzliche Sicherungskopien außerhalb des Unternehmens geeignet gelagert.

Die Verfahren und Verantwortlichkeiten für die Durchführung der Sicherungen sind in einer Verfahrensanweisung geregelt.

5.18 Produktsicherheit und Produkthaftung

Soweit besondere Sicherheitsanforderungen an ein System/ eine Software bestehen, werden diese im Auftrag oder in den begleitenden Dokumenten (z.B. Pflichtenheft, Lastenheft) ausdrücklich festgelegt. Neben projektspezifischen Forderungen wird ggf. auf einschlägige Vorschriften wie z.B. ITSEC, GMP, GAP, GLP usw. verwiesen.

Im projektspezifischen Projekthandbuch bzw. Qualitätssicherungsplan werden geeignete Festlegungen getroffen wir z.B.:

- Maßnahmen und Verfahren zur Einhaltung der gestellten Forderungen,
- Verfahren zur Validierung der Forderungen,
- Verfahren zur (Rest-) Risikoanalyse.

5.19 Wirtschaftlichkeitsbetrachtungen

Die Kosten des Qualitätsmanagementsystems müssen für das Unternehmen finanzierbar sein und vom Markt akzeptiert werden. Kosten und Nutzen der qualitätsbezogenen Maßnahmen werden regelmäßig ermittelt und ausgewertet. Die Ergebnisse werden dokumentiert und der Geschäftsleitung zur Beurteilung vorgelegt. Die Verfahren hierzu sind in den Abschnitten 3.1.4 und 3.1.5 ausgewiesen.

6 Übergreifende Prozesse im QMS

6.1 Aus- und Weiterbildung

6.1.1 Zweck und Anwendungsbereich

Im folgenden Abschnitt wird festgelegt, wie Schulungsbedarf ermittelt wird und geeignete Schulungsmaßnahmen geplant, durchgeführt und dokumentiert werden. Damit wird sichergestellt, daß nur Personal in den Projekten eingesetzt wird, das die Qualifikationsanforderungen erfüllt.

6.1.2 Ablauf und Zuständigkeiten

Qualifikationsprofile

Für alle qualitätsrelevanten Tätigkeiten im Unternehmen werden ausschließlich Mitarbeiter eingesetzt, welche die für die Tätigkeit vorausgesetzten Fähigkeiten besitzen. Die Qualifikation der Mitarbeiter ist in internen Qualifikationsprofilen beschrieben.

Ausbildungsschwerpunkte festlegen

In der Rahmenplanung für ein Geschäftsjahr werden die Ausbildungsschwerpunkte und das Ausbildungsbudget im Leitungskreis festgelegt.

Ausbildungsplanung

Die Personalabteilung erstellt regelmäßig eine Übersicht über die Ist-Entwicklung im Vergleich zu der Ausbildungsplanung. Die Personalvorgesetzten sind für die Ermittlung, Planung, Festlegung und Genehmigung von Schulungsmaßnahmen zuständig. Schulungsmaßnahmen zum Qualitätsmanagement werden durch den Qualitätsmanagementbeauftragten koordiniert.

Schulungsanmeldung

Die Anmeldung beim Schulungsanbieter einschließlich der erforderlicher Reservierung von Unterkunft und Verkehrsmitteln erfolgt durch die Sekretariate in Zusammenarbeit mit der Verwaltung.

6.1.3 Neue Mitarbeiter

Beurteilung neuer Mitarbeiter

Die Einstellung neuer Mitarbeiter wird vom jeweiligen Bereich vorgeschlagen, von der Geschäftsleitung entschieden und von der Personalabteilung in Zusammenarbeit mit dem Bereich durchgeführt. Der Vorschlag des Bereiches beinhaltet die Festlegung der erforderlichen Qualifikation für die neu zu besetzenden Stellen. Der künftige Vorgesetzte ist für die Überprüfung der fachlichen und persönlichen Eignung der Bewerber zuständig. In wichtigen Fällen wird diese Aufgabe von der Personalabteilung und/oder der Geschäftsleitung ergänzend wahrgenommen.

6.1.4 Planung der Anforderungsprofile

Weiterbildung und Mitarbeitergespräch

Bei Neueinstellungen wird wie in Abschnitt 6.1.3 beschrieben verfahren. Für die Mitarbeiter des Unternehmens wird im Rahmen eines jährlichen Mitarbeitergesprächs durch den Vorgesetzten die mittelfristige Planung von Weiterbildungsmaßnahmen festgelegt und dokumentiert. Maßgeblich sind dabei das bisherige Know-How, die künftigen Aufgabenschwerpunkte des Mitarbeiters und die Ausbildungsschwerpunkte des Rahmenplans. Jeder Mitarbeiter ist zudem gehalten, selbst aktiv zur eigenen Weiterbildung beizutragen, indem er seinen Vorgesetzten auf Seminare, Workshops, Literatur, Kongresse usw. aufmerksam macht, die zu einer Verbesserung seiner Kenntnisse führen.

6.1.5 Externe und interne Schulung

Interne Schulungen werden durchgeführt, wenn mehrere Mitarbeiter das gleiche Schulungsvorhaben besuchen sollen, die interne Schulung wirtschaftlicher ist oder erreicht werden soll, daß der Schulungsinhalt spezifisch auf die eigenen Bedürfnisse ausgerichtet wird. Interne Schulungen werden von eigenen oder externen Referenten durchgeführt. In anderen Fällen wird das externe Schulungsangebot des Marktes genutzt.

6.1.6 Dokumentation

Die Teilnahme an einer Schulung wird wie folgt dokumentiert:

- Beschreibung der Schulung,
- Teilnahmebestätigung des Schulungsveranstalters,
- schriftliche Beurteilung der Schulung durch den Mitarbeiter auf einem vorgegebenen Formular,
- Schulungsunterlagen, die der Teilnehmer erhalten hat.

Schulungsunterlagen

Die Teilnahmebestätigung wird in der Personalakte des Mitarbeiters abgelegt. Die Schulungsbeschreibungen und -beurteilungen werden zentral gesammelt und stehen für die Auswahl von künftigen Schulungsmaßnahmen zur Verfügung. Die Schulungsunterlagen werden zentral verwaltet und stehen allen Mitarbeitern als Nachschlagewerk zur Verfügung.

6.2 Vertraulichkeit und Betriebsgeheimnisse

Alle Mitarbeiter des Unternehmens sind nach ihrem Arbeitsvertrag zur Vertraulichkeit und Verschwiegenheit verpflichtet. Mitarbeiter, die in sicherheitsrelevanten Projekten eingesetzt werden, werden auf Anforderung des Auftraggebers zusätzlich zum Umgang mit Verschlußsachen überprüft und ermächtigt.

Im Unternehmen ist der Sicherheitsbeauftragte verantwortlich für:

Sicherheits-beauftragter

- die Einleitung der Überprüfungen,
- die Beratung der Mitarbeiter in sicherheitsrelevanten Fragen,
- die Planung und Kontrolle der sicherheitsrelevanten Maßnahmen,
- die ordnungsgemäße Lagerung und Verwaltung von Verschlußsachen.

Verpflichtung zur Vertraulichkeit

Soweit in Verträgen mit Auftraggebern besondere Auflagen zur Sicherheit und Vertraulichkeit enthalten sind, werden diese Auflagen den betroffenen Mitarbeitern zur Kenntnis gebracht. In besonderen Fällen hat der Mitarbeiter diese Kenntnisnahme schriftlich zu bestätigen.

6.3 Sicherheit, Schutz und Verfügbarkeit

6.3.1 Zweck und Anwendungsbereich

In diesem Abschnitt werden die Verfahren beschrieben, die zum Schutz von Daten, Software, Dokumenten, Geräten usw. vor unberechtigtem Zugriff, beabsichtigter oder unbeabsichtigter Zerstörung oder Verfälschung sowie zur Sicherstellung der Verfügbarkeit von Arbeitsmitteln (z.B. Computern, Netze) eingesetzt werden. Dies betrifft nur die Teile, die in den Räumen des Unternehmens gelagert oder gespeichert sind. Bei Arbeiten am Ort des Auftraggebers gelten die einschlägigen Vorschriften des Auftraggebers.

6.3.2 Sicherheit

Zum Schutz vor Verlust oder Verfälschung durch technische Ausfälle, beabsichtigte oder unbeabsichtigte Veränderungen sowie Zerstörung, höhere Gewalt usw. sind folgende Maßnahmen getroffen:

Beispiele:

- Zugriffsschutzmechanismen (organisatorische und technische Maßnahmen),
- Einrichtung von Ausweichrechenzentren (Notfallorganisation),
- redundante Auslegung von kritischen Komponenten,
- Verfahren zur Rekonstruktion durch
  - periodische Sicherungen,
  - ad-hoc Sicherungen,
  - dezentrale Lagerung der Sicherungen im Unternehmen,
  - Hinterlegung von Sicherungen außerhalb der eigenen Räume,
  - Protokollierung von Sicherheits- und Schutzverletzungen.

6.3.3 Schutz

Zum Schutz vor unberechtigtem Zugriff auf Daten, Programme, Dokumente usw. sind folgende Maßnahmen getroffen:

Beispiele

- Zugriffsschutzmechanismen (organisatorische und technische Maßnahmen),
- persönliche Zugangskontrollen,
- Protokollierung von nicht autorisierten Zugriffen.

6.3.4 Verfügbarkeit

Zur Sicherstellung der Verfügbarkeit sind folgende Maßnahmen getroffen:

Beispiele

- Ausweichrechenzentren,
- redundante Auslegung von kritischen Komponenten,
- präventive Wartungsmaßnahmen.

6.4 Verwaltung und Controlling

Verwaltung und Controlling arbeiten nach festgelegten Verfahren, um sicherzustellen, daß die Arbeitsabläufe und deren Ergebnisse effizient und wirtschaftlich sind. Diese internen Dienstleistungen erfüllen wesentliche Qualitätsforderungen und erbringen ihren Beitrag zu einer wirtschaftlichen und für den Kunden zufriedenstellenden Auftragsabwicklung.

Anlagen zum QMH

Anlage A Abkürzungen

EN	Europäische Norm
DIN	Deutsches Institut für Normung
HW	Hardware
ISO	International Standardization Organization
KE	Konfigurationselement
KM	Konfigurationsmanagement
OMT	Object Modelling Technique
QM	Qualitätsmanagement
QMA	Qualitätsmanagement-Arbeitsanweisung
QMB	Qualitätsmanagementbeauftragter
QMH	Qualitätsmanagementhandbuch
QMS	Qualitätsmanagementsystem
QMV	Qualitätsmanagement-Verfahrensanweisung
QS	Qualitätssicherung
QS-Plan	Qualitätssicherungsplan
SE	Systemerstellung
SW	Software
SWPÄ	Software Pflege und Änderung
UML	Unified Modelling Language
V-Modell	Vorgehens-Modell

Anlage B Begriffserläuterungen

Fehler
Die Nichterfüllung einer festgelegten Forderung.

Mangel
Die Nichterfüllung einer beabsichtigten Forderung oder einer angemessenen Erwartung.

Produkthaftung
Grundbegriff zur Beschreibung der Verpflichtung eines Produzenten zur Erstattung des Schadens infolge Verletzung einer Person oder infolge eines Vermögens- oder anderen Schadens, der durch ein Produkt verursacht wird/wurde.

Produkt
Bearbeitungszustand bzw. Ergebnis einer Aktivität des V-Modells (Dokument oder Software oder Hardware)

Qualität
Beschaffenheit und Gesamtheit von Merkmalen einer Einheit (Produkt oder Dienstleistung) bezüglich ihrer Eignung, festgelegte und vorausgesetzte Erfordernisse oder Eigenschaften zu erfüllen.
Qualität kann sich beziehen auf:

- die Gesamtheit oder Teile/Komponenten des Produktes oder der Dienstleistung (Qualität des Produktes)

oder auf

- die Gesamtheit oder Teile des Prozesses zur Erstellung des Produktes oder der Dienstleistung (Qualität des Prozesses).

Qualitätsforderung (Qualitätsanforderung)
Anforderung an den Wert eines Qualitätsmaßes für ein Qualitätsmerkmal (siehe auch: Qualitätsmodell).
Allgemeiner: Die festgelegten und vorausgesetzten Erfordernisse an ein Produkt / an eine Dienstleistung unter Berücksichtigung des vorgesehenen Zwecks und des Anspruchniveaus.
Beispiel:

Qualitätsmerkmal:	Antwortzeit für eine Transaktion
Qualitätsmaß:	Sekunden
Qualitätsforderung:	maximal 3 Sekunden in 95% aller Fälle

Qualitätslenkung
Festlegung der Techniken und Tätigkeiten, die angewendet werden, um die Qualitätsforderungen zu erfüllen (steuern, überwachen und korrigieren).

Qualitätsmanagement
Alle Tätigkeiten der Gesamtführungsaufgabe im Unternehmen, welche die Qualitätspolitik, Ziele und Verantwortungen festlegen sowie diese durch Qualitätsplanung, Qualitätslenkung, Qualitätssicherung und Qualitätsverbesserung verwirklichen und kontrollieren.

Administrative Qualitätsmanagement-Maßnahmen
Die administrativen Maßnahmen umfassen die Identifikation, Registrierung, Ablage und Verwaltung aller Zwischen- und Endergebnisse im Lebenszyklus eines Projektes oder Produktes. Hierzu gehören die Verfahren des Konfigurationsmanagements, des Änderungsmanagements und der Archivierung.

Analytische Qualitätsmanagement-Maßnahmen (Qualitätsprüfung)
Die analytischen Maßnahmen beinhalten die Verfahren, Techniken und Vorgehensweisen zur Erkennung und Lokalisierung von Qualitätsmängeln. Sie umfassen formale und inhaltliche Prüfungen. Formale Prüfungen beschränken sich auf die Untersuchung und Beurteilung eines Prüfobjektes (z.B. Dokument, Programm) nach formalen Qualitätsmerkmalen (wie z.B. Einhaltung von Dokumentationsrichtlinien, Sprachkonventionen, Verwendung von vorgegebenen Werkzeugen). Inhaltliche Prüfungen verifizieren die funktionalen, technischen, organisatorischen und ablaufmäßigen Qualitätsforderungen an ein Prüfobjekt.

Psychologische Qualitätsmanagement-Maßnahmen
Die psychologischen Maßnahmen betreffen den Menschen in seiner Rolle als z.B. Analytiker, Entwickler, Projektleiter, Qualitätssicherer in einem Projektteam. Die Maßnahmen verfolgen das Ziel, das Qualitätsbewußtsein des Einzelnen zu fördern und seine individuellen Fähigkeiten in eine harmonische und zielorientierte Teamarbeit zu integrieren.

Konstruktive Qualitätsmanagement-Maßnahmen
Die konstruktiven Maßnahmen umfassen die vorbeugenden Maßnahmen, die der Qualitätsgestaltung dienen. Sie sind präventiv und sollen als Teil der Qualitätsplanung das Entstehen

von Qualitätsmängeln durch Vorgaben von z.B. Methoden, Verfahren, Richtlinien, Standards, Werkzeugen usw. verhindern und die allgemeinen und produkt-/ projektspezifischen Qualitätsforderungen festlegen.

Qualitätsmanagementhandbuch
Beschreibung der Qualitätspolitik und des Qualitätsmanagementsystems auf der Ebene des Unternehmens und der Bereiche, die Produkte und/oder Dienstleistungen planen, spezifizieren, erstellen und vertreiben.

Qualitätsmanagementsystem
Die Organisationsstruktur, Verantwortlichkeiten, Verfahren, Prozesse und Mittel zur Verwirklichung des Qualitätsmanagements im Unternehmen.

Qualitätsmaß (Kenngröße)
Meßbare und bewertbare Größe (Dimension) für die Ausprägung eines bestimmten Qualitätsmerkmals (siehe auch: Qualitätsmodell).

Qualitätsmerkmal
Eigenschaft eines Produktes/einer Dienstleistung bzgl. Qualität (siehe auch: Qualitätsmodell).

Qualitätsmodell
Ein Qualitätsmodell zerlegt den allgemeinen Qualitätsbegriff durch ein mehrstufiges Ableiten von Unterbegriffen bis hin zu Qualitätsmerkmalen. Qualitätsmerkmale werden in weitere Produkt- und/oder Prozeßmerkmale zerlegt, denen quantitativ meß- und bewertbare Kenngrößen (Qualitätsmaße) zugeordnet werden.

Qualitätsplanung
Tätigkeiten zur Festlegung der Qualitätsziele, Qualitätsforderungen sowie Festlegung der Forderungen für die Anwendung der Elemente des Qualitätsmanagementsystems.

Qualitätspolitik
Die umfassenden und unternehmensweit gültigen Ziele und Absichten einer Organisation bezüglich der Qualität der am Markt angebotenen Dienstleistungen und Produkte. Die Qualitätspolitik bildet ein wesentliches Element der Unternehmenspolitik und

Unternehmenskultur. Sie wird von der Geschäftsleitung erarbeitet, genehmigt und den Kunden und Mitarbeitern offen dargelegt.

Qualitätsprüfung
Feststellen, ob ein Produkt / eine Dienstleistung die in der Qualitätsplanung festgelegten Qualitätsforderungen erfüllt.

Qualitätssicherung (Qualitätsmanagement-Darlegung)
Gesamtheit der Tätigkeiten innerhalb des Qualitätsmanagementsystems, die verwirklicht sind und dargelegt werden, um angemessenes Vertrauen zu schaffen, daß die festgelegten Qualitätsforderungen erfüllt werden.

Qualitätssicherungsplan
Dokument, das die spezifischen Elemente des Qualitätsmanagements, der Zuständigkeiten, Verfahren, Mittel, Tätigkeiten und die operationalisierbaren Qualitätsforderungen für ein konkretes Produkt (Projekt, Dienstleistung) festlegt. Der Qualitätssicherungslan konkretisiert das Qualitätsmanagementhandbuch für ein spezielles Projekt/ Produkt (In der DIN EN ISO 9001 wird dieses Dokument als Qualitätsmanagementplan bezeichnet. Das V-Modell verwendet den Begriff Qualitätssicherungsplan).

Qualitätsverbesserung
Maßnahmen zur Erhöhung der Effizienz und Wirtschaftlichkeit der Tätigkeiten und Prozesse zur Erfüllung der Qualitätsforderungen des Kunden oder des eigenen Unternehmens.

Software-Einheit (SW-Einheit)
Element, das ausschließlich aus Software besteht.

Software-Komponente (SW-Komponente)
Software-Baustein einer SW-Einheit. SW-Komponenten können ihrerseits andere SW-Komponenten, SW-Module und/oder Datenbanken enthalten.

Software-Modul (SW-Modul)
SW-Module sind die kleinsten zu programmierenden Softwarebausteine einer SW-Einheit, deren Behandlung durch das V-Modell geregelt ist.

Submodell
Ein aus einer bestimmten Sicht abgeschlossenes Teilmodell des V-Modells. Das V-Modell besteht aus den Submodellen Projektmanagement (PM), Systemerstellung (SE), Qualitätssicherung (QS) und Konfigurationsmanagement (KM).

Tailoring
Anpassung des V-Modells für die praktische Verwendung durch Anpassung an die firmenspezifischen Gegebenheiten, die Anforderungen des Auftrags („ausschreibungsrelevantes Tailoring") und die Projektsituation („technisches Tailoring").

Validierung
Prüfung, Bewertung und Nachweis, daß ein Produkt (Zwischenprodukt) die Produktanforderungen für den vorgesehenen Gebrauch erfüllt.

Verifikation
Prüfung, Bewertung und Nachweis, daß das Zwischen- oder Endprodukt einer Phase des Entwicklungsprozesses die Ergebnisse der vorangegangenen Phase erfüllt (implementiert).

V-Modell
Regelungen, die die Gesamtheit aller Aktivitäten, Produkte und deren logische Abhängigkeit bei der Entwicklung und Pflege von Systemen, deren Aufgabenerfüllung vorwiegend durch den Einsatz von IT realisiert wird, im Bereich der Bundesverwaltung festlegen.

Hinweis:
Weitere Begriffe sind in folgenden Dokumenten erläutert:

DIN ISO 9000	Normenreihe
DIN ISO 55350	Begriffe der Qualitätssicherung und Statistik
DIN ISO 8402	Qualitätsmanagement und Qualitätssicherung - Begriffe -
V-Modell	Bundesministerium der Verteidigung und des Inneren Durchführung von IT-Vorhaben - Vorgehensmodell- Umdruck 250

Anlage C Mitgeltende Unterlagen

Die nachfolgende Tabelle enthält eine Auflistung der QM-Verfahrensanweisungen und -Arbeitsanweisungen mit Bezug zu den Kapiteln des Qualitätsmanagementhandbuches.

Beispiele

Bezeichnung der QMV	*Abschnitt des QMH*
Liste der aktuellen QMS-Dokumente	1.4.2, Anlage C
Glossar (Abkürzungen, Begriffe und Definitionen zum QMS)	Anlage A, Anlage B
Erstellung von Anweisungen zum QMS	3.2.2
Angebotserstellung und Vertragsprüfung	4.2.2, 4.2.3, 4.2.4
Projektmanagement	5.3
Qualitätssicherung	5.4
Konfigurationsmanagement	5.1
Änderungsmanagement	5.2
Systemerstellung	4
Produkte/Dokumente der Systemerstellung	4
Beschaffung	5.10, 5.11, 5.12
Lieferantenbeurteilung	5.10
Qualifikation und Schulung	6.1
Qualitätsmanagement-Audit	3.1.3, 3.3
Organisationshandbuch	3.1.2
Datensicherung	5.17

Anhang

Ergänzende Kommentare, Hinweise und Beispiele zur unternehmensspezifischen Anpassung des Qualitätsmanagementhandbuches

Dieser Anhang besteht aus 5 Teilen:

- Teil 1: Erläuterungen zum Qualitätsmanagementhandbuch,
- Teil 2: Einführung in die Normenreihe DIN ISO 9000,
- Teil 3: Erläuterungen zur Zertifizierung eines Qualitätsmanagementsystems,
- Teil 4: Einführung in das V-Modell,
- Teil 5: Ausblick auf weitere Normen und Normierungsvorhaben.

Anhang Teil 1: Erläuterungen zum QMH

Die folgenden Texte im Teil 1 beziehen sich jeweils auf einen Abschnitt oder mehrere Abschnitte des Musterhandbuches (QMH Kapitel 1 bis 6 und die Anlagen A bis C). Die Texte geben zusätzliche Erläuterungen, Hinweise und Beispiele für die Erstellung und Anpasssung eines individuellen (unternehmensspezifischen) Qualitätsmanagementhandbuches.

Gilt eine Erläuterung für mehrere Abschnitte des QMH gleichzeitig, so sind alle Abschnittsnummern und -bezeichnungen vor dem Erläuterungstext gemeinsam aufgeführt.

Im Musterhandbuch (Kapitel 1 bis 6 und die Anlagen A bis C) wird auf diesen Teil des Anhangs durch das Symbol

hingewiesen.

Diese Erläuterungen gehen teilweise über den unmittelbaren Inhalt eines Qualitätsmanagementhandbuches hinaus und geben

Hinweise für mitgeltende Unterlagen wie z.B. Qualitätsmanagement-Verfahrensanweisungen (QMV) und Qualitätsmanagement-Arbeitsanweisungen (QMA).

Anhang Teil 2: die Normenreihe DIN ISO 9000

Der Teil 2 des Anhangs gibt einen Überblick über die Normenreihe DIN ISO 9000 und die Qualitätsmanagementelemente der DIN EN ISO 9001.

Anhang Teil 3: Zertifizierung eines QMS

Der Teil 3 des Anhangs erläutert den typischen Ablauf der Zertifizierung eines Qualitätsmanagementsystems.

Anhang Teil 4: V-Modell

Im Teil 4 des Anhangs wird das im Musterhandbuch referierte V-Modell kurz erläutert.

Anhang Teil 5: Ausblick

Der abschließende Teil 5 des Anhangs gibt einen Ausblick auf weitere Normen und Assessment-Verfahren im Umfeld des Qualitätsmanagements.

Inhalt des Anhangs

Anhang 1 Erläuterungen zum QMH

Deckblatt

Layout

Das Deckblatt sollte nach dem Unternehmensstandard (Schrifttyp zur Unternehmensbezeichnung, Anschrift, Firmenlogo usw.) gestaltet werden.

Änderungsnachweis

Änderungen dokumentieren

Im Änderungsnachweis werden alle neuen, geänderten und entfallenen Seiten einer neuen Version des Qualitätsmanagementhandbuches aufgeführt. Ändert sich das Qualitätsmanagementhandbuch, so erhalten die im Verteiler für überwachte Exemplare registrierten Personen eine Änderungsmitteilung mit den neuen bzw. geänderten Seiten und dem neuen Änderungsnachweis oder ein neues Exemplar. Jeder Empfänger einer Änderungsmitteilung ist selbst für die ordnungsgemäße Aktualisierung der bisher gültigen Version verantwortlich (siehe hierzu auch die Erläuterungen zu 3.2.2.1).

Inhaltsverzeichnis

prozessorientierter Aufbau des QMH

Das Inhaltsverzeichnis ist nicht nach den 20 Qualitätsmanagementelementen der DIN EN ISO 9001 aufgebaut, sondern prozessorientiert nach den vier Themenbereichen

- Rahmen des QMS (Kapitel 3)
- Lebenszyklustätigkeiten im QMS (Kapitel 4)
- Projektbegleitende Prozesse im QMS (Kapitel 5)
- Übergreifende Prozesse im QMS (Kapitel 6)

Eine derartige Gliederung ist sowohl für die Erstellung als auch für die Anwendung des QMS besser geeignet, da diese Blöcke den typischen Abläufen und organisatorischen Verantwortlichkeiten in der Softwareentwicklung gerecht werden.

Referenzen auf die Norm

Über die Verweistabellen im Abschnitt 1.3 ist direkt erkennbar, welche Qualitätsmanagementelemente der DIN EN ISO 9001 in welchem Gliederungspunkt des Musterhandbuches behandelt werden. Die 9000er-Normen schreiben zudem kein Gliederungsschema vor, so daß also derartige Freiheitsgrade bestehen.

1.2 Grundsatz- und Verbindlichkeitserklärung

Die Leitung genehmigt

Das Qualitätsmanagementhandbuch wird grundsätzlich von der Leitung (im Handbuch als Geschäftsleitung bezeichnet) genehmigt und in Kraft gesetzt.

1.3 Vergleichstabellen mit DIN-Normen

Normenänderungen berücksichtigen

Änderungen im Inhaltsverzeichnis des QMH müssen auch in den Tabellen im Abschnitt 1.3 nachgetragen werden. Bei Änderungen der Normen muß geprüft werden, ob diese Einfluß auf das Qualitätsmanagementhandbuch haben.

1.4.1 Bezugsdokumente

relevante Normen und Leitfäden

Hier sind die für die Softwareentwicklung relevanten Normen der 9000er Reihe aufgeführt. Der Verweis auf die IEEE 730 kann im allgemeinen entfallen, da dieser Standard keine große Bedeutung mehr hat. Der Bezug zu AQAP entfällt, wenn keine wehrtechnischen Projekte durchgeführt werden. Werden im Unternehmen jedoch wehrtechnische Vorhaben abgewickelt, so sind hier ggf. weitere militärische Software-Engineering Normen (wie z.B. AQAP, DOD-STD und MIL-STD) aufzuführen und im Handbuch zu berücksichtigen.

Normenstand 1994

Im August 1994 sind u.a. die Normen DIN 9000-1, 9001 und 9004-1 als neue Ausgaben erschienen. Gegenüber den vorigen Fassungen (von Mai 1990) sind die entsprechend neuen ISO-Normen von 1994 übernommen worden, und es wurden verschiedene redaktionelle Änderungen vorgenommen. Die bisher als Oberbegriff verwendete Bezeichnung „Qualitätssicherung" ist nunmehr durch den Begriff „Qualitätsmanagement" ersetzt. Entsprechend werden z.B. statt Qualitätssicherungssystem, Qualitätssicherungs-Verfahrensanweisung, Qualitätssicherungs-Arbeitsanweisung, Qualitätssicherungsplan die Begriffe Qualitätsmanagementsystem, Qualitätsmanagement-Verfahrensanweisung, Qualitätsmanagement-Arbeitsanweisung und Qualitätssicherungsplan verwendet.

Der bisher übergreifend verwendete Begriff Qualitätssicherung umfaßt nunmehr in Übereinstimmung mit DIN ISO 8402 „alle geplanten und systematischen Tätigkeiten, die innerhalb des Qualitätsmanagementsystems verwirklicht sind und dargelegt werden, um angemessenes Vertrauen zu schaffen, daß eine Organisation die Qualitätsforderungen erfüllt". In den Fassungen der 9000-er Normen von 1994 wird der Begriff

„Qualitätssicherung" synonym mit der Benennung „Qualitätsmanagement-Darlegung (QM-Darlegung)" verwendet. Diese begriffliche Neudefinition ist jedoch noch nicht in allen Teilen der DIN 9000-Familie umgesetzt.

V-Modell

Das V-Modell verwendet hingegen weiterhin den Begriff Qualitätssicherungsplan.

1.4.2 Mitgeltende Unterlagen

Siehe die Erläuterung zur Anlage C.

2 Firmendarstellung

Die Firmendarstellung sollte in prägnanter Form das Liefer- und Leistungsspektrum und den Zielmarkt des Unternehmens darstellen.

3.1.1 Qualitätspolitik

Unternehmenspolitik bzgl. Qualität

Die Qualitätspolitik sollte unternehmensspezifisch formuliert werden, so daß sie die mittelfristigen Vorgaben und Absichten der Geschäftsleitung wiedergibt. Die wesentlichen Qualitätsziele sollten genannt und die wesentlichen Grundsätze zur Verwirklichung des Qualitätsmanagements sollten hier aufgeführt werden.

operationalisierbare Einzelziele ableiten

Aus der Qualitätspolitik sollten konkrete Einzelziele für das Unternehmen und die Unternehmensbereiche abgeleitet werden, die z.B. im jährlichen Zyklus auf Erfüllung bzw. Verbesserungspotentiale überprüft werden können.

3.1.2.1 Verantwortung und Befugnisse

Organisation und Verantwortlichkeiten

Ergänzend zu den Verweisen auf Organigramme, Organisationshandbücher und Organisationsanweisungen sollten in diesem Abschnitt die Grundzüge der Organisation und Verantwortlichkeiten grafisch und textlich dargestellt werden, so daß ohne weitere Referenzen ein ausreichender Überblick für die Zwecke des QMH besteht. Der Schwerpunkt dieser Darstellung sollte auf den Aufgaben und Verantwortlichkeiten der Führungskräfte und des Qualitätswesens sowie der organisatorischen Zuordnung und der Zusammenarbeit liegen.

Aufbau- und Ablauforganisation

Zur Darstellung der Organisation empfiehlt sich die übliche Darstellung in einem Organigramm (Aufbauorganisation) und eine grafische Darstellung der Ablauforganisation (mit Darstellung der Berichtslinien, Weisungsbefugnisse und Schnittstellen). Eine textliche Erläuterung der Zuständigkeiten und Verantwortlichkeiten der Organisationseinheiten darf nicht fehlen. Namen sollten in dieser Darstellung nicht genannt werden. Es muß jedoch auch ein aktuelles, namentliches Organigramm bereitstehen.

Zur übergreifenden Darstellung der Verantwortlichkeiten für die Prozesse und Aufgaben im Qualitätsmanagementsystem kann man z.B. eine tabellarische Aufstellung der folgenden Form verwenden:

Prozeß	**Organisationseinheit**			
	A	**B**	**C**	**D**
Prozeß 1	x		x	
Prozeß 2		x		
....				
Prozeß n		x		x

Abb. A-1: Verantwortlichkeiten im Qualitätsmanagementsystem

3.1.2.2 Mittel und Personal

Personalakte, Qualifikationsprofile

Zum Nachweis der Personalqualifikation dient die Personalakte des Mitarbeiters mit dem tabellarischen Lebenslauf, den Zeugnissen der Schulabschlüsse/universitären Ausbildung, den Arbeitszeugnissen, Ausbildungsbescheinigungen usw. Für die Darstellung in Angeboten, Reviews usw. empfiehlt sich ein zusammenfassendes Qualifikationsprofil, das Auskunft über die Ausbildung und die beruflichen Erfahrungen gibt.

3.1.2.3 Qualitätsmanagementbeauftragter

QM-Beauftragter

In der DIN EN ISO 9001 wird ein Beauftragter der Leitung gefordert (im QMH Qualitätsmanagementbeauftragter QMB genannt, sonst häufig auch als Qualitätsmanager bezeichnet), der verantwortlich für die Einführung und Anwendung des Qualitätsmanagementsystems im Unternehmen ist und die Erfüllung und Beachtung der Forderungen der Normen kontrolliert.

Job-Sharing

Der Qualitätsmanagementbeauftragte sollte direkt der Geschäftsleitung unterstellt sein. In kleineren Unternehmen kann er jedoch auch noch weitere Aufgaben wahrnehmen, so weit diese nicht im Konflikt mit seiner Funktion als Qualitätsmanagementbeauftragter stehen.

3.1.4 Qualitätskosten

Über die Höhe der Qualitätskosten in einem Projekt (bei eingeführtem Qualitätsmanagementsystem) wird in der Praxis über sehr unterschiedliche Erfahrungswerte berichtet. Als Anhaltspunkte mögen folgende Werte gelten:

Kosten der Qualitätssicherung

Projekte mit geringer Komplexität	4 %	-	6 %
Projekte mittlerer Komplexität	6 %	-	10 %
Projekte mit hoher Komplexität	10 %	-	15 %

Bei Projekten mit z.B. sehr hohen Anforderungen an Ausfallsicherheit und Zuverlässigkeit kann der Aufwand auf 20 bis 25% steigen. Die angegebenen Prozentsätze verstehen sich als Zuschlag zu den direkten Design- und Entwicklungskosten.

Welcher Ansatz im Einzelfall zum Tragen kommt, hängt zunächst von den projektspezifischen Forderungen und Randbedingungen ab. Einen hohen Einfluß haben Faktoren, die im Unternehmen begründet sind wie z.B. Grad der Standardisierung, Verwirklichung und Effizienz des eigenen QMS, Qualifikation des Personals, Unterstützung durch erprobte Methoden und Werkzeuge.

Q-Kosten ermitteln und auswerten

Im Unternehmen sollten Kennzahlen zu den Qualitätskosten in abgewickelten Projekten gesammelt und regelmäßig ausgewertet werden, damit diese als Vergleichszahlen für künftige Projekte zur Verfügung stehen. So ist auch ermittelbar, wo Ansatzpunkte zur Verbesserung gegeben sind und wie sich diese Kosten bei weiterem Ausbau des QMS entwickeln.

3.2.2.1 Dokumentationsrahmen

QMS-Datenbank, Intranet

Die Verteilung von QMS-Dokumenten an die betroffenen Mitarbeiter als Papierkopien ist sicherlich nicht mehr zeitgemäß. Die Ablage der aktuellen QMS-Dokumente kann z.B. in einer zentralen Datenbank erfolgen, auf welche die Mitarbeiter kontrollierten Zugriff haben (als Server-Datenbank oder z.B. im Intranet).

Dokumenten-Manager

Für die Erstellung und Pflege von QM-Dokumenten werden am Markt auch diverse Programme (Dokumenten-Manager) angeboten.

elektronische Verteilung

Bei elektronischer Verfügbarkeit der QMS-Dokumente kann natürlich nicht verhindert werden, daß von Mitarbeitern Ausdrucke von z.B. einer QMV erzeugt werden, die bei späterer Anwendung u.U. nicht mehr aktuell sind. Um hierauf hinzuweisen, sollte ein Ausdruck auf der 1. Seite z.B. wie folgt gekennzeichnet werden:

> *Dieses Dokument wurde am <tag.monat.jahr> um <Uhrzeit> gedruckt. Das gedruckte Exemplar unterliegt nicht dem Änderungsmanagement. Informieren Sie sich vor Gebrauch bitte über die aktuelle Fassung in <Verweis auf QMS-Datenbank> oder beim QMB.*

Die Anwendung der aktuellen QMS-Dokumentation in einem Projekt sollte durch Stichproben überprüft werden. Bei Änderungen der QMS-Dokumentation während der Laufzeit eines Projektes ist im Einzelfall zu entscheiden, ob derartige Änderungen im Projekt noch berücksichtigt werden können.

3.2.2.2 Qualitätsmanagementhandbuch

Rahmen des QMS

Im Qualitätsmanagementhandbuch soll grundsätzlich nur beschrieben werden, wie das im Unternehmen eingeführte Qualitätsmanagementsystem aufgebaut ist und praktiziert wird. Einzelanweisungen wie z.B. Programmierrichtlinien, spezielle Prüfverfahren usw. werden nicht aufgeführt, sondern es wird nur auf sie verwiesen.

Vertraulichkeit des QMS

Qualitätsmanagement-Verfahrensanweisungen, Qualitätsmanagement-Arbeitsanweisungen, Prüfanweisungen, Entwicklungsrichtlinien usw. können zudem schutzwürdige Informationen des Unternehmens enthalten. Solche Dokumente sollten daher im Qualitätsmanagementhandbuch auch nicht enthalten sein, sondern nur referiert werden. Bei einer externen Prüfung des Handbuches muß das Unternehmen fallweise entscheiden, welche dieser Dokumente zur Verfügung gestellt werden.

3.2.2.3 Muster Projekthandbuch

Ein Muster-Projekthandbuch ist in den DIN ISO-Normen nicht gefordert. Für Unternehmen mit einem hohen Anteil an Neuentwicklungen wird die Erstellung dieses Dokuments jedoch empfohlen, um eine weitgehende Standardisierung zu erreichen und um den Aufwand für die Erstellung der projektspezifischen Projekthandbücher zu reduzieren.

Soweit im Unternehmen ein generelles Entwicklungshandbuch für Projekte oder Produkte existiert, kann dieses als Musterhandbuch verwendet werden

V-Modell

Eine Mustergliederung für ein Projekthandbuch ist im V-Modell beschrieben.

3.2.2.4 Muster Projektplan

Bei größeren Projekte wird das Projektmanagement üblicherweise durch ein geeignetes Projektmanagement-Tool unterstützt. Derartige Werkzeuge sind für praktisch alle Betriebssysteme am Markt verfügbar.

V-Modell

Ein Muster-Projektplan kann mit einem solchen Werkzeug auf Basis eines generischen Vorgehensmodell erstellt werden.

3.2.2.5 Muster Qualitätssicherungsplan

Ein Muster-Qualitätssicherungsplan ist in den DIN ISO -Normen nicht gefordert. Für Unternehmen mit einem hohen Anteil an Neuentwicklungen wird die Erstellung dieses Dokuments jedoch empfohlen, um eine weitgehende Standardisierung zu erreichen und um den Aufwand für die Erstellung der projektspezifischen QS-Pläne zu reduzieren.

V-Modell

Ein Muster für Qualitätssicherungspläne ist im V-Modell enthalten.

3.2.2.6 Muster Konfigurationsmanagementplan

Ein Muster-Konfigurationsmanagementplan ist in den DIN ISO - Normen nicht gefordert. Für Unternehmen mit einem hohen Anteil an Neuentwicklungen wird die Erstellung dieses Dokuments jedoch empfohlen, um eine weitgehende Standardisierung zu erreichen, und um den Aufwand für die Erstellung der projektspezifischen KM-Pläne zu reduzieren.

V-Modell

Ein Muster für Konfigurationsmanagementpläne ist im V-Modell enthalten.

3.2.2.7 Projekthandbuch

Nach DIN ISO 9000-3 soll vor Projektbeginn ein Projekthandbuch (auch Entwicklungsplan genannt) erstellt werden, der für ein Projekt die durchzuführenden Aufgaben, die Verantwortlichkeiten, die anzuwendenden Methoden und Werkzeuge sowie die Verfahren zur Entwicklungslenkung und Verifizierung festlegt. Soweit im Unternehmen ein Muster-Projekthandbuch existiert, kann dieses als Basis verwendet werden. Das Projekthandbuch wird dem Projektfortschritt entsprechend angepaßt und ergänzt und unterliegt dem Konfigurationsmanagement.

V-Modell

Eine Mustergliederung für ein Projekthandbuch ist im V-Modell beschrieben.

3.2.2.8 Projektplan

Ein Projektplan weist die Planung der durchzuführenden Tätigkeiten, der zu erzielenden Ergebnisse und die Planungsdaten zu Terminen, Aufwänden, Kosten usw. aus. Die erste festgeschriebene Planung eines Projektes (= Baseline-Plan) wird in regelmäßigen Intervallen mit den Ist-Daten (was wurde erreicht, welche Ressourcen wurden verbraucht?) verglichen. Abweichungen vom Plan führen zu einer Plananpassung (Plan 1,2,3,...). Als Bezug für den Soll/Ist-Vergleich sollte i.d.R. der Baseline-Plan herangezogen werden.

3.2.2.9 Qualitätssicherungsplan

Nach DIN ISO 9000-3 soll als Teil der Projektplanung ein Qualitätssicherungsplan (QS-Plan) erstellt werden. Während dieser Leitfaden nur grobe Anhaltspunkte für einen QS-Plan vermittelt, enthält die

> ISO/DIS 9004-5
> Quality management and quality system elements
> Part 5: Guidelines for quality plans

eine umfassendere Richtlinie für die Erstellung, Prüfung, Genehmigung und Änderung von Qualitätsmanagementplänen. Dieser Teil 5 liegt bisher nur als Entwurf (DIS = Draft International Standard) in englischer Fassung vor. Für die deutsche Ausgabe ist die Bezeichnung „Leitfaden für Qualitätsmanagementpläne" vorgesehen.

Ein Qualitätssicherungsplan ist in das bestehende QMS eingebettet und kann sich somit direkt auf übergeordnete Dokumente sowie auf Einzelanweisungen wie z.B. QMV und QMA beziehen. Im QS-Plan wird dann dargelegt, wie diese referierten Dokumente angewendet werden und welche speziellen Verfahren, Prozeduren, Methoden usw. für das Projekt/Produkt gelten, um die spezifischen Qualitätsforderungen zu erfüllen.

Die Norm 9004-5 weist aus, was inhaltlich in einem Qualitätssicherungsplan festzulegen ist. Es wird jedoch keine Gliederung vorgegeben, und es wird auch nicht gefordert, daß der QS-Plan der Struktur der DIN ISO 9001 folgen muß.

Die in einem QS-Plan festzulegenden Elemente sind grundsätzlich identisch mit den Qualitätsmanagementelementen der DIN ISO 9001, werden jedoch hier auf ein konkretes Projekt bezogen. Neben den Qualitätszielen und Qualitätsforderungen ist in Detaillierung des Qualitätsmanagementhandbuches (und ggf. des Qualitätsmanagementrahmenplans) festzulegen, wann, wie und durch wen die qualitätsbezogenen Maßnahmen in einem Projekt geplant, durchgeführt und kontrolliert werden. Die Prüfung und Genehmigung eines QS-Plans erfolgt durch eine autorisierte Gruppe des Unternehmens. Soweit es der Kundenauftrag vorsieht, wird der Auftraggeber in die Prüfung und Genehmigung des QS-Plans einbezogen.

Ein QS-Plan wird dem Projektfortschritt entsprechend angepaßt und ergänzt und unterliegt dem Konfigurationsmanagement.

V-Modell

Ein Beispiel für den Gliederungsaufbau eines Qualitätssicherungsplans ist im V-Modell enthalten.

3.2.2.11 Qualitätsmodell

Ein Qualitätsmodell der in diesem Abschnitt beschriebenen Art ist in der DIN EN ISO 9001 und DIN ISO 9000 Teil 3 nicht gefordert und ist nur lohnend, wenn regelmäßig umfangreiche Entwicklungen mit ähnlichen Qualitätsmerkmalen durchgeführt werden. In vielen Fällen ist es ausreichend, sukzessive eine Sammlung von häufig benötigten Qualitätsmerkmalen mit zugeordneten Qualitätsmaßen und entsprechenden Meß- und Beurteilungsverfahren bzw. Werkzeugen zu erstellen.

Q-Modell

Beschreitet man den Weg zu einem Qualitätsmodell, kann man sich an folgenden Prinzipien orientieren:

Qualitätsmerkmale

Um den unscharfen Begriff der Softwarequalität greifbar zu machen, spezifiziert man ein Qualitätsmodell durch übergeordnete Qualitätsmerkmale und deren mehrstufiges Zerlegen in Unterbegriffe bis hin zu elementaren Merkmalen (siehe folgende Abbildung).

Qualitätsmaße

Den Merkmalen der untersten Ebene werden Qualitätsmaße (auch Kenngrößen genannt) mit einer Dimension zugeordnet, die durch Messungen, Reviews, Audits, Beobachtungen, Abschätzungen usw. ermittelbar sind. Für eine Softwareanwendung gestaltet sich dann eine Qualitätsforderung als eine konkrete

Wertausprägung (Einzelwert, Bereichsangaben, Intervalle usw.) zu einem Qualitätsmerkmal.

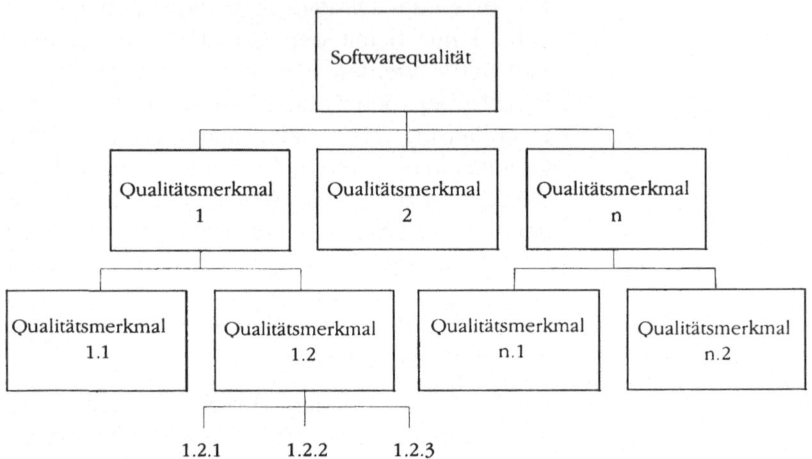

Abb. A-2: Struktur eines Qualitätsmodells

Eine grundlegende Problematik liegt darin, daß die hierarchische Zerlegung der Qualitätsmerkmale in Tiefe und Breite überschaubar und handhabbar sein muß und zu viele Wiederholungen eines „unteren" Merkmals in mehreren übergeordneten Qualitätsmerkmalen möglichst zu vermeiden sind. Zu bevorzugen sind indifferente Qualitätsmerkmale und möglichst wenige Merkmale mit konkurrierendem Charakter.

Beispiel

Ein Beispiel für Qualitätsmerkmale auf der obersten Ebene enthält die folgende Abbildung.

Qualitätsmerkmal	**Erläuterung**
Funktionsabdeckung	Vollständigkeit der Funktionen eines Produkts in Bezug auf die Forderungen.
Widerspruchsfreiheit	Ausmaß, in welchem sich Funktionen sowie die Dokumentation eines Produktes widersprechen.
Korrektheit	Ausmaß, mit welchem ein Produkt seine Spezifikationen erfüllt.
Zuverlässigkeit	Maß für die Erwartung, daß ein Produkt seine spezifizierten Funktionen während der Anwendungsdauer erfüllt.
Integrität	Ausmaß, in welchem unberechtigte Zugriffe sowie unerwünschte Veränderungen und Zerstörungen verhindert werden.
Robustheit	Ausmaß, in welchem ein Produkt auch bei Verletzung der festlegten Betriebs- und Benutzungsvoraussetzungen seine Funktionalität bewahrt.
Effizienz	Umfang an DV-Ressourcen (z.B. CPU-Zeit, externer/ interner Speicherbedarf, Antwortzeitverhalten), die ein Produkt zur Erfüllung seiner Funktionen benötigt.
Benutzbarkeit	Aufwand zum Erlernen und Bedienen eines Produkts.
Verfügbarkeit	Ausmaß, in welchem ein Produkt dem Benutzer zur Verfügung steht (im Sinne von Ausfallsicherheit).
Testbarkeit	Aufwand für das Testen eines Produkts.
Korrigierbarkeit	Aufwand zur Lokalisierung und Behebung von Fehlern im Produkt.
Änderbarkeit	Aufwand zur Modifikation eines Produkts im bestehenden funktionalen Rahmen.
Erweiterbarkeit	Eigenschaft eines Produkts, um neue Funktionen erweiterbar zu sein.
Verknüpfbarkeit	Aufwand zur Verknüpfung des Produkts mit einem anderen.
Übertragbarkeit	Aufwand zur Übertragung eines Produkts auf eine andere Hard-/Softwareumgebung.
Wiederverwendbarkeit	Aufwand zur Verwendung eines Produkts in einer anderen Anwendung.

Abb. A-3: Beispiele für Qualitätsmerkmale

Q-Merkmale gewichten

Für ein konkretes Projekt wird man in der Praxis meist nicht mehr als fünf bis acht Qualitätsmerkmale auf der ersten Ebene und eine Strukturierungstiefe von höchstens drei bis vier Ebenen wählen. Da die Anforderungen für den Auftraggeber meist nicht gleich bedeutsam sind, wird man die Qualitätsforderungen untereinander gewichten. Merkmale mit geringem Einfluß auf die Gesamtqualität (z.B. kleiner als 10%) können häufig ganz weggelassen werden. Dies sollte auch für Merkmale gelten, die sich einer systematischen oder objektiven (objektivierbaren) Erfassung und Beurteilung entziehen. Nach dem Grundsatz „weniger ist mehr" sollte man sich auf die Qualitätseigenschaften beschränken, die für das jeweilige Softwareprodukt wirklich bedeutsam sind. Nur von geringem Wert sind auch Qualitätsforderungen, die unscharf formuliert sind oder deren Erfüllung nur mit einem weiten Interpretationsspielraum bewertbar ist.

Kritikalität FMEA

Bei größeren Software-Systemen empfiehlt sich eine Unterteilung des Systems in Bereiche mit unterschiedlichen oder unterschiedlich hohen Qualitätsforderungen. So wird man z.B. für eine Anlagensteuerung in einem Chemiebetrieb den Sicherheitsbereich der Steuerung mit sehr hohen Forderungen an die Zuverlässigkeit und Sicherheit versehen, während an die Software für die Langzeitauswertung der Steuerungszustände meist keine besonderen Forderungen gestellt werden. Zur Unterteilung der Software in derartige Bereiche beurteilt man die Kritikalität und führt ggf. Fehler-Möglichkeits- und Einfluß-Analysen (FMEA) durch.

3.2.2.12 Qualitätsdokumentation

was wurde wie mit welchem Ergebnis geprüft?

Qualitätsaufzeichnungen (Qualitätsdokumente, Qualitätsnachweise) geben Auskunft über die geplanten und die durchgeführten Maßnahmen der Qualitätssicherung in einem Projekt. Sie dokumentieren den erfolgreichen (oder auch nicht erfolgreichen) Abschluß einer Qualitätsprüfung bzgl. wichtiger (Zwischen-) Ergebnisse oder (Teil-) Prozesse.

Revision

Die Qualitätsdokumentation ist damit sowohl wesentlich für Entscheidungen im weiteren Projektablauf als auch für die Revisionsfähigkeit von Projekten (im Sinne des Nachweises einer ordnungsgemäßen Entwicklung und Prüfung von Projekten).

3.3.2 Audit des Qualitätsmanagementsystems

Die folgende Abbildung zeigt ein typisches Formular für die Ankündigung eines internen QMS-Audits.

QMS - Auditplan	**@Muster GmbH**
	Ersteller
	Datum

Audittermin 15. bis 16. November 1998

Auditleiter Herr Weber

Auditoren für die Bereiche

Herr Müller	Marketing
Herr Meier	Vertrieb
Frau Maier	Produktentwicklung
Frau Meyer	Produktsupport
Herr Mayer	Projektentwicklung 1
Herr Schmidt	Projektentwicklung 2
Herr Schmied	Projektentwicklung 3
Frau Schmitz	Personalwesen
Frau Schmiede	Verwaltung

Die Einweisung der Auditoren erfolgt durch Herrn Weber
am 2. November 1998 ab 9.00 Uhr im Raum C112.

Die Checklisten und Berichtsformulare für die Bereichs-Audits werden am 20. Oktober 1998 verteilt.

Abb. A-4: Beispiel für eine Audit-Ankündigung

3.4 Korrekturmaßnahmen

3.5 Qualitätsverbesserungen

bewerten und durchführen

Vorgeschlagene Korrekturmaßnahmen und Qualitätsverbesserungen werden nach den Kriterien der Wirksamkeit und Wirtschaftlichkeit bewertet. Entsprechend der internen Regelungen wird die Geschäftsleitung vor Durchführung der Maßnahmen zur Entscheidung eingeschaltet.

4 Lebenszyklustätigkeiten im Qualitätsmanagementsystem

V-Modell

Wird im Unternehmen ein einheitliches Vorgehensmodell angewendet, so sollte dieses als Untergliederung des Kapitels 4 gewählt werden. Die Beschreibung der Haupt- und Einzelaktivitäten nach Zielen, Arbeitsschritten, Ergebnissen, Verfahren, Methoden, Werkzeugen usw. kann so detailliert erfolgen, daß auf einen eigenständigen Qualitätssicherungsrahmenplan bzw. ein Muster-Projekthandbuch verzichtet werden kann. Dagegen spricht jedoch, daß das Qualitätsmanagementhandbuch dann meist sehr umfangreich wird und für externe Stellen häufig nicht mehr geeignet ist. Zudem kann sich eine zu große Änderungshäufigkeit des Qualitätsmanagementhandbuches ergeben. Werden in einem Unternehmen mehrere Vorgehensmodelle angewendet, so empfiehlt es sich, ein Referenzmodell auszuwählen und dieses in einer tabellarischen Übersicht den anderen Phasenmodellen gegenüber zu stellen (siehe als Beispiel die Abbildung 4-1 im Kapitel 4).

4.2.2 Angebotsaufforderung

Liste der Angebotsaufforderungen

In einer Liste „Aktuelle Angebotsaufforderungen“ werden z.B. folgende Angaben geführt:

- Gegenstand der Ausschreibung,
- Ausschreiber und Anwender,
- Posteingang,
- Angebotsabgabe erforderlich bis ...,
- verantwortlicher Angebotsersteller,
- Angebotsbindefrist.

4.2.3 Angebotserstellung und -prüfung

Angebotsgliederung

Typische Anteile eines Angebots (interne und externe Anteile) sind:

- Firmendarstellung,
- Projekt- und Kundenreferenzen,
- Mitarbeiterprofile,
- Spezifikation der angebotenen Leistungen,

- Lösungskonzept,
- Lieferumfang,
- Angebote von Lieferanten (für z.B. Hardware, Software, Dienstleistungen usw.),
- interne Aufwandskalkulation,
- interne Angebotskalkulation,
- Preisfestlegung,
- interne Risikoanalyse,
- Anschreiben zum Angebot.

Liste der Angebote

Bei Anbotsabgabe wird die Liste „Aktuelle Angebotsaufforderungen" um z.B. folgende Angaben ergänzt:

- Datum der Angebotsabgabe,
- externe/interne Angebotsnummer,
- Angebotswert,
- Vertragstyp,
- Preistyp.

4.2.4 Vertragsprüfung

Auftragsbestand
Angebote archivieren

Bei Auftrageingang wird der Auftrag in den Auftragsbestand übernommen und mit den Plandaten zur Auftragsabwicklung ergänzt (wie z.B. Laufzeit, Entwicklung von Umsatz/halbfertiger Leistung, Rückstellungen für Gewährleistungsansprüche usw.)

Angebote (auch solche, die nicht zu einem Auftrag führen) sollten archiviert werden, damit sie für spätere Angebotserstellungen zu Rate gezogen werden können.

4.2.5 Planung der Entwicklung

Siehe hierzu die Erläuterungen zu 3.2.2.7.

4.2.6 Planung der Qualitätssicherung

Siehe hierzu die Erläuterungen zu 3.2.2.8.

4.3 Systemerstellung und Qualitätssicherung

hier: V-Modell

Diese Abschnitte sind nach dem eigenen Vorgehensmodell bzw. Referenzmodell zu gliedern. Die Verfahren zur Design- und Prozeßlenkung sowie der phasen- und aufgabenbezogenen Qualitätslenkung und -prüfung sind so zu formulieren, daß sie für alle Projektvorhaben gültig sind. Soweit ein Muster-Projekthandbuch und/oder ein Qualitätssicherungsrahmenplan besteht, kann auf diese verwiesen werden. Die Grundprinzipien sollten jedoch auch im QMH dargestellt werden.

4.4.4 Auswertung und Bewertung

Für die Einstufung von Abweichungen, Fehlern usw. können z.B. folgende Klassifizierungsrichtlinien verwendet werden:

F0 Fehlerklasse F0 - keine/geringe Bedeutung

Es liegen keine Beanstandungen oder nur unwesentliche Beanstandungen vor, die den Betrieb und die Nutzung des Systems nicht beeinträchtigen (z.B. kleinere Fehler in der Dokumentation).

F1 Fehlerklasse F1 - leichter Fehler

Fehler dieser Klasse beeinflussen nicht die geforderten Systemfunktionen. Sie behindern oder stören jedoch den Systembetrieb oder den Bediener in seinem Arbeitsablauf (z.B. vermeidbare Doppeleingabe von wenigen Daten, nicht optimale Gestaltung der Bedienungsabläufe).

F2 Fehlerklasse F2 - mittlerer Fehler

Ein Fehler dieser Klasse liegt vor, wenn Systemfunktionen nicht oder nur eingeschränkt zur Verfügung stehen, jedoch Ersatzlösungen oder Lösungen zur Umgehung vorhanden sind.

F3 Fehlerklasse F3 - schwerer Fehler

Ein schwerer Fehler liegt vor, wenn Systemfunktionen nicht oder nur eingeschränkt genutzt werden können, ohne daß Lösungen zur Umgehung der Einschränkung bestehen.

F4 Fehlerklasse F4 - harter Fehler

Der Fehler beeinflußt das Systemverhalten so schwerwiegend, daß wichtige Systemfunktionen nicht benutzt oder nicht spezifikationsgemäß bzw. kontrolliert abgeschlossen werden können. Dies gilt besonders bei der möglichen Gefährdung von Menschen, Anlagen, Gütern und Vermögen.

M1 Mängelklasse M1 - allgemeiner Mangel

Abweichung von einer beabsichtigten oder angemessenen Erwartung, ohne daß diese in den Spezifikationen ausdrücklich gefordert ist.

M2 Mängelklasse M2 - geänderte Forderung

Änderung einer Forderung gegenüber den ursprünglich gültigen Spezifikationen. Dies kann sowohl die Funktionalität des Systems als auch die DV-technische Vorgaben für die Implementierung betreffen.

M3 Mängelklasse M3 - neue Forderung

Eine neue Forderung, die in den ursprünglich gültigen Spezifikationen nicht enthalten war. Dies kann sowohl die Funktionalität des Systems als auch die DV-technischen Vorgaben für die Implementierung betreffen.

5.1 Konfigurationsmanagement

Ausgangspunkt für die Konfigurationsliste ist die Produktstruktur in der Unterteilung nach z.B. Teilsystemen, Programmen und Dateien / Datenbanken sowie der zugehörigen Dokumentation. Da diese Struktur zu Projektbeginn zumindest für die unteren Ebenen meist noch nicht festliegt, wird die Produktstruktur während der Projektentwicklung fortgeschrieben.

Konfigurationsliste

Die Konfigurationsliste kann z.B. als Tabelle geführt werden, in der für jedes Konfigurationselement folgende Angaben enthalten sind:

- Identifikation,
- Bezeichnung,
- Art des Elementes (z.B. Code, Dokument),
- Version/Variante mit Datum,
- Ersteller/Bearbeiter,
- Zustand (z.B. geplant, in Erstellung/Bearbeitung, in Änderung, in Prüfung, freigegeben, in Betrieb),
- Anlaß (z.B. Ersterstellung, Querverweis auf einen Änderungsantrag),
- Ablage (Angabe des Speicherortes/Lagerortes),
- Zuordnung (Eingliederung des Elements in die Produktstruktur),
- Zugriffsrechte (z.B. gesperrt, freigegeben für ...).

5.1.2 Kennzeichnung und Identifikation

Dokumentenidentifikation

Die Kennzeichnung von Dokumentenseiten enthält z.B. folgende Angaben in der Kopf- bzw. Fußzeile:

- Projekt-/Produktbezeichnung,

- Projektnummer (eigene und/oder die des Kunden),
- Bezeichnung des Dokumentes,
- Nummer des Dokumentes,
- Versionsnummer,
- Datum der Version,
- Seitennummer.

Soweit vorhanden, kann man an dieser Stelle auch auf eine Dokumentationsrichtlinie verweisen.

Für Geräte und Softwarekomponenten sind ebenfalls geeignete Identifikationen festzulegen.

5.2 Änderungsmanagement

Problemmeldung, Fehlermeldung, Änderungsantrag

Da der Ersteller einer Fehlermeldung oder eines Änderungsantrages nicht in allen Fällen selbst entscheiden kann, ob es sich tatsächlich um einen Fehler oder einen Änderungswunsch handelt, wird häufig die zusammenfassende Bezeichnung „Problembericht / Änderungsvorschlag" verwendet. Dieser wird vom Ersteller an einen Koordinator zur Registrierung und Prüfung auf Vollständigkeit und Verständlichkeit geleitet. Die detaillierte Analyse und Einordnung des Problemberichtes / Änderungsantrages erfolgen je nach Einzelfall durch die Entwicklung oder die Fachabteilung und werden in einem Analysebericht dokumentiert. Dieser weist aus, ob es sich um einen Fehler oder eine neue bzw. geänderte Forderung handelt und dokumentiert die betroffenen Komponenten des Softwaresystems sowie die zur Realisierung erforderlichen Kosten und Termine. Bei Fehlern leitet der Projektleiter die Korrektur als Änderungsauftrag ein. Änderungswünsche werden im allgemeinen von einem Kontrollgremium behandelt, das über die Notwendigkeit und Dringlichkeit der Änderung entscheidet. Bei Änderungen, welche die Auftragsvorgaben verändern bzw. Kosten/Zeit verursachen, wird die Entscheidung des Auftraggebers eingeholt. Die Durchführung eines Änderungsauftrages wird nach Prüfung in einem Änderungsbericht dokumentiert. Zusätzlich führt der Koordinator ein Änderungsjournal, das Auskunft über alle Problemberichte und Änderungsvorschläge sowie deren aktuellen Bearbeitungszustand gibt.

Ein Beispiel für ein Formular, in dem der oben beschriebene Ablauf dokumentiert wird, zeigt die folgende Abbildung.

<table>
<tr><td colspan="2">Problembericht/Änderungsvorschlag (vom Ersteller auszufüllen)</td></tr>
<tr><td>Ersteller
Name
Organisation Telefon</td><td>Datum
Produkt
Version</td></tr>
<tr><td colspan="2">Problembeschreibung

Betroffene Software / Funktion / Dokumentation
Angaben zur Systemumgebung
Einstufung als Fehler / Mangel / Änderungswunsch</td></tr>
<tr><td>Registrierung
lfd. Nummer</td><td>Eingangsdatum
zurück an Ersteller am wegen
Analyse beauftragt am durch</td></tr>
<tr><td>Analysebericht
Beschreibung Problem/ Ursache

Betroffene Komponenten

Lösungsvorschlag

Bezug zu anderen Berichten</td><td>Datum
durchgeführt von
Einstufung Fehler
Änderungswunsch
Mangel
Priorität
Änderungsklasse
Ist-Aufwand für Analyse

Zeit und Kosten für die Lösung</td></tr>
<tr><td>Entscheidung Projektleiter
Datum
- Freigabe zur Durchführung
- Ablehnung
- neue Analyse
- zurückstellen
- Vorlage Kontrollgremium</td><td>Entscheidung Kontrollgremium
Datum
- Freigabe zur Durchführung
- Ablehnung
- neue Analyse
- zurückstellen</td></tr>
</table>

Abb. A-5: Formularbeispiel zum Änderungsmanagement

Änderungsauftrag	Datum	
Plan Beginn	Plan Aufwand	
Plan Ende		
Änderungsbericht	Datum	
Geänderte Komponenten (Software, Dokumente,...)		
durchgeführt durch	von	bis
	Ist-Aufwand	
Prüfung durch das Qualitätswesen	am	
Übergabe an Konfig-Management	am	

Abb. A-5: (Fortsetzung)

Konfigurations-management Änderungsdienst

Das Verwalten der Konfigurationen und des Änderungsmanagement stehen in engem Zusammenhang. Es sollte daher ein integriertes Verfahren (und Werkzeug) gewählt werden, um Fehler und Doppelarbeit zu vermeiden. Soweit für Standardprodukte oder Mehrfachlieferungen auch ein Distributionsverfahren notwendig ist, sollte dieses ebenfalls in den Gesamtablauf integriert werden.

5.3 Projektmanagement

Planung, Steuerung und Kontrolle

Die im Einzelfall anzuwendenden Planungs- und Kontrollelemente des Projektmanagements richten sich nach Firmenstandard, Größe und Schwierigkeitsgrad des anstehenden Projektes. Als Hilfsmittel kann z.B. eine Entscheidungstabelle vorgegeben werden, die angibt, welche Projektmanagementelemente bei welchen Projektcharakteristiken anzuwenden sind. Das interne und externe Berichtswesen des Projektmanagements sollte weitgehend standardisiert sein.

5.3.3 Kontrolle und Steuerung

Der Fertigstellungsgrad eines Projektes (einer Projektaufgabe) kann z.B. wie folgt ermittelt werden:

$$\text{Fertigstellungsgrad} : \frac{(\text{Ist bis Stichtag})}{(\text{Ist bis Stichtag}) + (\text{benötigter Rest})}$$

Zur Beurteilung der Qualität der Projektplanung stehen z.B. folgende Merkmale zur Verfügung:

$$\text{Planabweichungsgrad} : \frac{(\text{Ist bis Stichtag}) + (\text{benötigter Rest}) - (\text{Soll-Aufwand})}{(\text{Soll-Aufwand})}$$

$$\text{Planungsgüte:} \frac{(\text{Ist bis Stichtag}) + (\text{benötigter Rest})}{(\text{Soll-Aufwand})}$$

Meilensteintrend-analyse

Eine Meilensteintrendanalyse vergleicht die anfänglich geplanten Meilensteintermine eines Projektes mit den Terminen, die sich für die Meilensteine zu den periodischen Review-Terminen des Projektes ergeben. Dies kann z.B. tabellarisch dargestellt werden. Anschaulicher ist ein Diagramm, das für jeden Meilenstein die Terminentwicklung als Linienzug darstellt.

Die folgenden beiden Abbildungen zeigen beispielhaft eine tabellarische und eine grafische Darstellung einer Meilensteintrendanalyse.

	Plan vom	**Review-Termine**				
	01.02.1998	01.03.1998	01.04.1998	01.05.1998	01.06.1998	01.07.1998
	Plan-Termine	**Neue Termine**				
M1	20.02.1998	01.03.1998				
M2	15.03.1998	15.04.1998	01.04.1998			
M3	10.05.1998	10.05.1998	01.06.1998	01.06.1998	01.08.1998	01.07.1998
M4	01.07.1998	15.07.1998	15.07.1998	01.07.1998	10.07.1998	01.08.1998
M5	15.08.1998	01.09.1998	15.09.1998	01.09.1998	01.10.1998	01.09.1998

Legende:

M1, M2, ...	Meilensteine M1, M2, ...
Plan vom	Datum der ursprünglichen Projektplanung (Baseline)
Plan-Termine	Ursprüngliche Plan-Termine für die Meilensteine
Review-Termine	Termine, zu denen die Meilensteintermine überprüft wurden / werden
Neue Termine	(neue) Termine für die Meilensteine, wie sie zum Review-Termin festgelegt wurden

Abb. A-6: Beispiel einer Meilensteintrendanalyse als Tabelle

In der grafischen Darstellung werden zu jedem Review-Termin und für jeden Meilenstein M1, M2 usw. die voraussichtlich neuen Plan-Termine als Datenpunkte im Diagramm eingetragen und pro Meilenstein als Linienzug verbunden. Trifft eine Meilensteinlinie die Diagonale, so ist der Meilenstein erreicht.

Datenpunkte im Diagramm, die eine absehbare Terminänderung ausweisen, kann man zusätzlich mit einem Index versehen, zu dem man in einem Erläuterungsteil die Begründung für die Terminabweichung ausweist (siehe das Beispiel in der Abbildung A-7).

Meilensteine, die monoton steigen oder ständig wechselnd steigen und fallen, sollten besonders kritisch betrachtet werden.

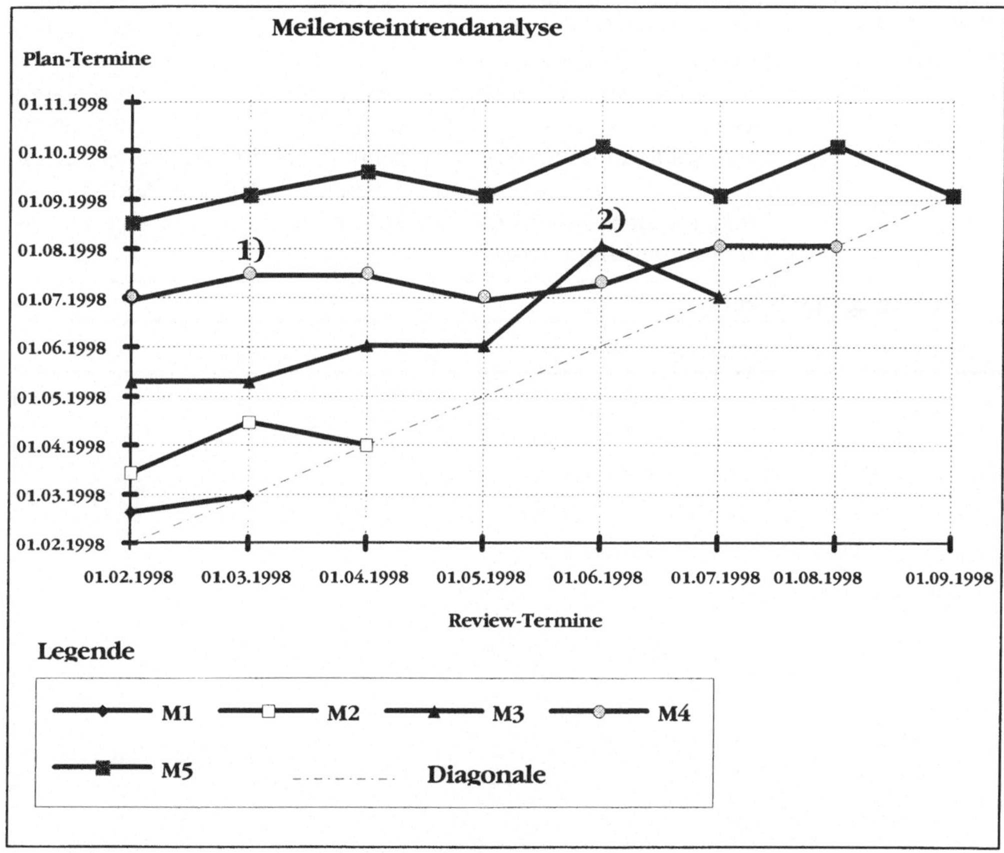

Erläuterungen zu den Markierungen:

1) Verzögerung in einer Beistellung

2) Neue Forderung des Auftraggebers

Abb. A-7: Diagramm einer Meilensteintrendanalyse

5.5 Lenkung der Dokumente

Änderungsnachweis und -verteilung

In Dokumenten durchgeführte Änderungen werden in einem Änderungsnachweis ausgewiesen (siehe die folgende Abbildung), der gemeinsam mit den geänderten bzw. neuen Änderungsseiten an die Empfänger von überwachten Exemplaren verteilt wird. Zusätzlich (oder integriert in den Änderungsnachweis) sollte eine Änderungsmitteilung an die Empfänger erfolgen, aus der hervorgeht, aus welchem Anlaß die Änderungen durchgeführt wurden (z.B. durch Verweis auf einen abgeschlossenen Änderungsantrag).

Änderungsnachweis

Version	Datum	Art	Seiten	Bemerkung

Legende		
	N	Neue Seite(n)
	Ä	Geänderte Seite(n)
	E	Entfallene Seite(n)

Abb. A-8: Beispiel für einen Änderungsnachweis

5.6 Qualitätsaufzeichnungen

Qualitätsaufzeichnungen umfassen alle qualitätsrelevanten Dokumente, die mit der Auftragserteilung, Auftragsdurchführung und der Auftragserfüllung verbunden sind. Da Kundenansprüche aus dem Produkthaftungsgesetz noch 10 Jahre nach Auslieferung gelten, ist es empfehlenswert, wichtige Qualitätsaufzeichnungen 10 Jahre lang zu archivieren.

Für die zusammenfassende Beurteilung der zu einem Meilensteintermin erreichten Produkt- und/oder Prozeßqualität kann z.B. ein Formular gemäß der folgenden Abbildung A-11 verwendet werden.

Projekt/Produkt Aufgabe/Meilenstein		Version Datum		
Anforderung	Beurteilung			
Qualitätsforderung Prozeßelement	voll erfüllt	weitgehend erfüllt	teilweise erfüllt	nicht erfüllt
Forderung				
Forderung				
Prozeßelement				
Gesamtbeurteilung				
Besondere Risiken				
Maßnahmen				

Abb. A-9: Beispiel für eine Gesamtbeurteilung

5.7 Gesetze und Vorschriften

Hier sollten die Gesetze, Vorschriften, Normen usw. angegeben werden, die grundsätzlich und für alle Projekte gelten. Projektspezifische Vorgaben werden im Projekthandbuch oder Qualitätssicherungsplan aufgeführt.

5.8 Methoden und Werkzeuge

Dieser Abschnitt sollte nur grundsätzliche Aussagen enthalten, da hier häufig projektspezifische Festlegungen getroffen werden und mit raschen Technologieänderungen zu rechnen ist.

5.9 Messungen und Prüfmittel

Messen, Beobachten, Abschätzen, Vorhersagen

Die Durchführung von Messungen (einschließlich Beobachtungen, Abschätzungen und Vorhersagen) erfolgt für Merkmale, für die (im weiteren Sinne) quantifizierbare Kenngrößen (Maße) bestehen. Ausgehend vom Merkmal erfolgt die Planung und Durchführung in folgenden Schritten:

- Festlegung der (Meß-) Ziele,
- Festlegen der (Meß-) Aufgaben,
- Bestimmung der Objekte, an denen die Messungen vorgenommen werden,
- Festlegung der Kenngrößen und -dimensionen,
- Bestimmung der Meßmethode und der Meßwerkzeuge,
- Ermittlung der Meßwerte,
- Analyse und Beurteilung der Meßwerte.

Zur Thematik der Software-Messung (Software-Metriken usw.) existiert eine umfangreiche Literatur, auch wenn sich bisher noch keine allgemein anerkannten und praktikablen Verfahren durchgesetzt haben. Eine umfangreiche Sammlung von Maßen und Metriken ist z.B. enthalten in:

Beispiele

Dumke, R.	Softwareentwicklung nach Maß Vieweg, 1992
Höcker, H., Itzfeld W.D., Schmidt, M., Timm, M.	Comparative Description of Software Quality Measures GMD-Studien Nr. 81, GMD, 1984

Für die objektorientierte Systementwicklung stehen derzeit noch keine adäquaten Metriken zur Verfügung.

Pareto-Analyse

Ein wichtige Aufgabe ist die Prognose, welche Softwarekomponenten am ehesten versagen werden bzw. von Fehlern behaftet sind (sein können). Aus der Erfahrung weiß man z.B., daß Komponenten, die häufig geändert werden, wahrscheinlich fehleranfälliger als andere sind. Dies gilt besonders dann, wenn die Änderungen auf mehrfach revidierten, funktionalen Spezifikationen beruhen. Die Fehlerwahrscheinlichkeit wächst z.B. auch bei Verwendung von Programmiersprachen mit niedrigem Niveau oder wenig leistungsfähigen Compilern. Komponenten mit hoher Komplexität (siehe hierzu z.B. die Kenngrößen von Halstead und McCabe) sind meist auch Kandidaten, denen besondere Beachtung zu schenken ist.

Ein praktikables Verfahren zur Prognose von Komponenten, die „wahrscheinlich" am fehleranfälligsten sind, stellt eine Form der Pareto-Analyse dar, die davon ausgeht, daß 80% der Fehler in 20% der Komponenten enthalten sind. Als Komponente gilt dabei die unterste Ebene einer Softwarestruktur (z.B. Module, Prozeduren). Für eine erste Analyse kann ein Stichprobenraum von z.B. 50 Komponenten mit einer Testabdeckung (funktional und strukturell) von ca. 40-60% ausreichend sein.

Im ersten Schritt werden nach Durchführung der Tests die getesteten Komponenten mit der Anzahl der jeweils ermittelten Fehler nach steigender Fehlerzahl aufgelistet. In einer ersten Aufteilung wird die Gruppe der 80% der Komponenten, die am fehlerfreiesten sind, und die Gruppe der 20% der fehlerhaftesten Komponenten gebildet. In iterativen Schritten wird dann die Gruppe der 20%-Δx% der Komponenten ermittelt, die für 80%+Δx% der bisherigen Fehler verantwortlich ist. Die Komponenten der 20%-Δx% Gruppe werden als potentielle Ausfallkandidaten betrachtet und einer weiteren Analyse zur Fehlererkennung unterzogen (z.B. durch Code-Inspektion, Abdeckungstests).

Aussagefähiger, aber auch aufwendiger, wird dieses Verfahren, wenn man nach Fehlerklassen (siehe hierzu Abschnitt 4.4.4 im Musterhandbuch) differenziert oder gewichtet.

In der Praxis können zur Ermittlung von Fehlerkandidaten auch weitere Kriterien angewendet werden wie z.B.:

- welche Komponenten wurden von Mitarbeitern mit nur geringer Erfahrung entwickelt?
- welche Komponenten sind aus einem bereits abgeschlossenen Projekt/Produkt übernommen (und somit im praktischen Betrieb bewährt)?

Trendanalysen

Erfahrungswerte des eigenen Unternehmens, die möglichst in Datenbanken über mehrere Jahre gesammelt werden, bieten eine wichtige Entscheidungshilfe für die Beurteilung von risikobehafteten Komponenten.

5.10 Beschaffungen

QMS der Lieferanten

Nach DIN EN ISO 9001 ist nicht zwingend vorgeschrieben, daß ein Unterlieferant ein eigenes Qualitätsmanagementsystem betreiben muß. Verfügt er über ein eigenes System, so stärkt dies das Vertrauen in seine Leistungsfähigkeit. In jedem Fall sind geeignete Maßnahmen zur Beurteilung des Lieferanten und seiner Lieferungen zu ergreifen. Sieht der Kundenauftrag vor, daß auch Unterlieferanten über ein Qualitätsmanagementsystem (gegebenenfalls mit Zertifikat) verfügen müssen, so ist dies ein zwingendes Kriterium bei der Lieferantenauswahl.

Produkthaftung

Nach dem Produkthaftungsgesetz muß auch für beschaffte Produkte, die Bestandteil der eigenen Lieferung sind, bei Folgeschäden der Nachweis erbracht werden, daß das Produkt nicht Ursache für den Schaden war.

5.10.7 Einsatz von freien Mitarbeitern

QMS-Anwendung vertraglich regeln

Die Verpflichtung von freien Mitarbeitern auf das QMS des Unternehmens ist vertraglich zu regeln. Dies kann z.B. in einem Rahmenvertrag erfolgen, der für alle Einzelaufträge bindend ist. Der Zugriff der freien Mitarbeiter auf die Regelungen im QMS muß gewährleistet sein. Die Einhaltung der QMS-Vorgaben sollte regelmäßig überprüft werden.

5.11 Beistellungen des Auftraggebers

5.12 Leistungen des Auftraggebers

vertraglich regeln

Für Beistellungen und Leistungen des Auftraggebers, die Bestandteil der eigenen Lieferung werden, sollten im Vertrag die Risiken für z.B. Gewährleistungsansprüche und Produkthaftungsansprüche abgegrenzt werden.

6.2 Vertraulichkeit und Betriebsgeheimnisse

6.3 Sicherheit, Schutz und Verfügbarkeit

6.4 Verwaltung und Controlling

in Organisationsanweisungen regeln

Es ist nicht erforderlich, daß diese Bereiche im Qualitätsmanagementhandbuch detailliert beschrieben werden. Vielmehr ist es hier ausreichend, auf bestehende Richtlinien, Organisationsanweisungen usw. zu verweisen.

Alle Seiten des Qualitätsmanagementhandbuches

Dokumenten-Layout

Die Texte des Qualitätsmanagementhandbuches sollten ein einheitliches Seiten-Layout besitzen, das im Kopf- und Fußteil z.B. folgende Angaben enthält:

- Titel,
- Name des Unternehmens,
- Seitennummer,
- Dokumentationsnummer,
- Versionsnummer,
- Datum der Version.

Ein Beispiel für ein solches Formular ist in der folgenden Abbildung dargestellt.

Qualitätsmanagementhandbuch	*@Muster-GmbH*
Dok-Nr. xxxxx	Seite x-y
Version	Datum

Abb. A-10: Formularrahmen für ein Qualitätsmanagementhandbuch

Anlage A
Glossar

Abkürzungen

Firmenspezifische Abkürzungen (für z.B. Organisationseinheiten, Werksnormen), die im Qualitätsmanagementhandbuch verwendet werden, sollten hier zusätzlich aufgenommen werden.

Anlage B
Glossar

Begriffserläuterungen

Begriffe, die im Unternehmen und im Qualitätsmanagementhandbuch benutzt werden, sollten hier zusätzlich aufgenommen werden.

Bezüglich der Begriffe Qualitätsmanagement und Qualitätssicherung/QM-Darlegung wird auf die Erläuterungen zu Abschnitt 1.4.1 verwiesen.

Anlage C Mitgeltende Unterlagen

Liste der QMS-Dokumente

Qualitätsmanagement-Verfahrensanweisungen, Qualitätsmanagement-Arbeitsanweisungen, Werksnormen, Standards usw., die zum Qualitätsmanagementsystem gehören, kann man zentral in dieser Anlage aufführen. Als Alternative, die häufig verwendet wird, bietet sich an, diese Dokumente unmittelbar in dem Abschnitt des QMH anzuführen, auf den sie sich beziehen.

Anhang 2 Einführung in die Normenreihe DIN ISO 9000

QM-Normen seit 1987

Die Thematik der Qualitätssicherung in der Softwareentwicklung ist nicht neu. Es fehlten jedoch lange Zeit Standards mit breiter Anerkennung. Erste Bemühungen in dieser Richtung resultierten z.B. in den 80-er Jahren in den Publikationen „IEEE 730 Standard for Software Quality Assurance Plans" und „AQAP-Richtlinien der NATO". Den Durchbruch haben jedoch erst die ISO Normen der 9000-er Serie seit 1987 geschafft, die auch als deutscher (DIN) und europäischer (EN) Standard gelten.

Insgesamt widmet sich diese Normenreihe den Anforderungen an Qualitätsmanagementsysteme und der Frage, wie man Qualitätsmanagementsysteme für interne und externe Zwecke darlegt.

konstruktive, analytische und administrative QM-Maßnahmen

Neben der terminologischen Definition qualitätsrelevanter Begriffe werden in dieser Normenreihe die strategischen, dispositiven und operativen Elemente des Qualitätsmanagements spezifiziert und Anforderungen an konstruktive, analytische und administrative Maßnahmen gestellt. Die Normen beziehen sich nicht nur auf die Qualitätseigenschaften von Produkten (oder Dienstleistungen) sondern besonders auf die Prozesse und Tätigkeiten, die für deren Herstellung durchzuführen sind.

Unter den Zielsetzungen:

- verbesserte Leistungen,
- Kundenzufriedenheit,
- erhöhte Produktivität und
- Verringerung von Kosten

fordert die Normenreihe ein effizientes und wirtschaftliches System von Organisation, Prozessen, Verfahren, Richtlinien und Arbeitsanweisungen zur Planung, Durchführung und Kontrolle aller qualitätsrelevanter Tätigkeiten. Als übergreifende Normenreihe ist sie gültig für alle Branchen und Unternehmen aus Produktion, Handel, Dienstleistung usw. Sie gilt gleichermaßen für die Karosserieproduktion in der Automobilindustrie, den Ein- und Verkauf in einem Handelsunternehmen, die Leistungserbringung eines privaten Paketdienstes und die vielfältigen Dienstleistungen der Softwarehäuser.

Die Normen zum Qualitätsmanagement wurden in ihren ersten Anteilen bereits im Jahre 1987 veröffentlicht. Bis heute sind mehr als 12 Normen und Leitfäden in dieser Serie erschienen, wobei aber einige Normen noch als Entwurf deklariert sind. Der Normungsprozeß ist noch nicht abgeschlossen und es ist zu erwarten, daß in den nächsten Jahren eine weitgehende Überarbeitung und Straffung der Normen stattfindet.

Die fünf wichtigsten Normen und Leitfäden sind in der folgenden Abbildung dargestellt.

DIN EN ISO 9000-1	Normen zum Qualitätsmanagement und zur Qualitätssicherung / QM-Darlegung Teil 1: Leitfaden zur Auswahl und Anwendung
DIN EN ISO 9001	Qualitätsmanagementsysteme Modell zur Qualitätssicherung/QM-Darlegung in Design/Entwicklung, Produktion, Montage und Wartung
DIN EN ISO 9002	Qualitätsmanagementsysteme Modell zur Qualitätssicherung/QM-Darlegung in Produktion, Montage und Wartung
DIN EN ISO 9003	Qualitätsmanagementsysteme Modell zur Qualitätssicherung/QM-Darlegung bei der Endprüfung
DIN EN ISO 9004-1	Qualitätsmanagement und Elemente eines Qualitätsmanagementsystems Teil 1: Leitfaden

Abb. A-11: Die Normen und Leitfäden der DIN ISO 9000er-Reihe (Auszug)

DIN EN ISO 9000-1

Die DIN EN ISO 9000-1 (häufig auch nur als DIN 9000 bezeichnet, um Verwechslungen mit der DIN 9001 zu vermeiden) ist der übergeordnete Leitfaden. Dieser Leitfaden erläutert die grundlegenden Konzepte und gibt Hilfestellung für die Auswahl und Anwendung eines geeigneten Modells aus den Normen 9001, 9002 und 9003 entsprechend des eigenen Leistungsangebots. Zusätzlich sind alle Normen und Leitfäden der 9000-er Familie sowie weitere Normen zum Thema Qualität erläutert. Es wird auch dargelegt, in welchen Fällen die Normen anzuwenden sind.

9001 bis 9003

Die Normen 9001, 9002 und 9003 beschreiben Modelle für die Darlegung des Qualitätsmanagements in Abhängigkeit vom jeweiligen Leistungsspektrum (siehe die folgende Abbildung).

	Design/ Entwicklung	Produktion	Montage	Wartung	End-prüfung
DIN 9001					
DIN 9002					
DIN 9003					

Abb. A-12: Anwendungsbereiche der DIN 9001, 9002 und 9003

9004-1 Die DIN EN ISO 9004-1 (oder nur mit 9004 bezeichnet) enthält eine umfangreiche Liste von Qualitätsmanagementelementen für alle Phasen und Tätigkeiten im Lebenszyklus eines Projektes, Produktes oder einer Dienstleistung.

Zu den Normen 9000-1 und 9004-1 existieren weitere Teile, die jedoch zum Teil noch im Entwurfsstadium sind.

Die für die Softwareentwicklung relevanten 9000er-Normen und Leitfäden sind in folgenden Abbildung aufgeführt.

DIN ISO 9000-3	Qualitätsmanagement und Qualitätssicherungsnormen Teil 3: Leitfaden für die Anwendung von ISO 9001 auf die Entwicklung, Lieferung und Wartung von Software
DIN EN ISO 9001	Qualitätsmanagementsysteme Modell zur Qualitätssicherung/QM-Darlegung in Design/Entwicklung, Produktion, Montage und Wartung
DIN EN ISO 9004-1	Qualitätsmanagement und Elemente eines Qualitätsmanagementsystems Teil 1: Leitfaden
DIN ISO 9004-2	Qualitätsmanagement und Elemente eines Qualitätsmanagementsystems Leitfaden für Dienstleistungen
ISO/DIS 9004-5 Entwurf	Qualitätsmanagement und Elemente eines Qualitätsmanagementsystems Leitfaden für Qualitätsmanagementpläne

Abb. A-13: DIN ISO Normen und Leitfäden zum Software-Qualitätsmanagement (Auszug)

In der DIN EN ISO 9001, die auch für die Softwareentwicklung gilt, sind 20 Elemente dargelegt, mit denen unternehmensinterne

Qualitätsmanagementsysteme entwickelt und betrieben werden (siehe die folgende Abbildung).

1 Verantwortung der Leitung
2 Qualitätsmanagementsystem
3 Vertragsprüfung
4 Designlenkung
5 Lenkung der Dokumente und Daten
6 Beschaffung
7 Lenkung der vom Kunden beigestellten Produkte
8 Kennzeichnung und Rückverfolgbarkeit von Produkten
9 Prozeßlenkung
10 Prüfungen
11 Prüfmittelüberwachung
12 Prüfstatus
13 Lenkung fehlerhafter Produkte
14 Korrektur- und Vorbeugungsmaßnahmen
15 Handhabung, Lagerung, Verpackung, Konservierung und Versand
16 Lenkung von Qualitätsaufzeichnungen
17 Interne Qualitätsaudits
18 Schulung
19 Wartung
20 Statistische Methoden

Abb. A-14: Elemente eines Qualitätsmanagementsystems nach DIN EN ISO 9001

9000-3

Speziell der Entwicklung, Lieferung und Wartung von Software widmet sich die DIN ISO 9000 Teil 3. Die hier geforderten Elemente eines Qualitätsmanagementsystems orientieren sich an spezifischen und übergreifenden Lebenszyklustätigkeiten und betonen die vorbeugenden Maßnahmen zur Fehlerverhütung und die Verifizierung jeder Phase durch z.B. Reviews und Tests. So wird beispielsweise für jede Produktentwicklung und jedes Projekt ein Entwicklungsplan und ein Qualitätssicherungsplan gefordert.

9004-5

Die ISO/DIS 9004-5 gibt Hilfestellung für die Erstellung und Prüfung von Qualitätsmanagementplänen.

9004-2

Ergänzend sei noch auf die DIN 9004 Teil 2 hingewiesen, die für Dienstleistungen gültig ist und besonders die Aspekte Personal und Kommunikation zwischen den Beteiligten betont.

Die Forderungen, die in den Normen an Qualitätsmanagementsysteme gestellt werden, sind nur eine Ergänzung zu den Qualitätsforderungen, die an ein konkretes Produkt oder eine spezielle Dienstleistung vom Kunden/Auftraggeber und/oder dem eigenen Unternehmen gestellt werden.

Die globalen Ziele, die durch ein effizientes und wirtschaftliches Qualitätsmanagementsystem für die Softwareentwicklung erreicht werden sollen, unterscheiden sich grundsätzlich nicht von denen in anderen Branchen:

- kürzere Entwicklungszeiten (time to market),
- höhere Qualität,
- geringere Kosten,
- Vertrauen beim Kunden gewinnen,
- wirkungsvolles Marketingargument.

Letzteres ist insbesondere dann zu erwarten, wenn das Qualitätsmanagementsystem extern zertifiziert ist.

Elemente eines QMS nach DIN EN ISO 9001

Nachweisstufen 9001, 9002 und 9003

In der Regel wird ein System-/Softwarehaus die DIN EN ISO 9001 als Basis und Nachweisstufe für das eigene Qualitätsmanagementsystem wählen. Die Norm 9002 kommt z.B. dann in Frage, wenn ein Unternehmen (eine Organisationseinheit) ausschließlich Vertrieb von Standardprodukten und/oder Kundenberatung und -betreuung in diesem Umfeld anbietet. Die Norm 9003 schließlich ist in dem eher seltenen Fall anzuwenden, daß ausschließlich Aufgaben der Endprüfung anfallen.

20 Qualitätsmanagementelemente

Die DIN EN ISO 9001 weist 20 Qualitätsmanagementelemente (QM-Elemente) für ein QMS aus. Jedes dieser Elemente legt Anforderungen fest, die – soweit relevant – vom Unternehmen zu erfüllen sind.

Im folgenden werden diese 20 QM-Elemente eines Qualitätsmanagementsystems nach DIN EN ISO 9001 erläutert. Die Elemente „Finanzielle Überlegungen", „Produktsicherheit" und „Qualität im

Marketing" aus dem Leitfaden DIN EN ISO 9004-1 sind in diesen Abschnitt zusätzlich aufgenommen.

Zu jedem Element werden in knapper Form die Forderungen und der Zweck erläutert und Hinweise zur Umsetzung für Softwarehersteller gegeben.

Der im folgenden verwendete Begriff „Produkt" gilt dabei im weiteren Sinne auch für Individualsoftware ggf. inklusive Hardware und andere Dienstleistungen wie z.B. Beratung, Schulung usw.

qualitätsrelevante Elemente eines QMS

Es ist natürlich nicht zwingend, daß ein Unternehmen alle QM-Elemente der DIN EN ISO 9001 erfüllen muß. Fallen z.B. Beschaffungen bei Unterlieferanten nicht an oder erfolgen keine Beistellungen durch den Auftraggeber, so werden auch die entsprechenden QM-Elemente im eigenen QMS nicht behandelt. Entscheidend für die Notwendigkeit, ein QM-Element im QMS zu regeln, ist die Frage, ob das Element qualitätsrelevant für die eigenen Lieferungen und Leistungen ist. Dies gilt entsprechend natürlich auch für Einzelaspekte innerhalb der Forderungen zu einem QM-Element einer Nachweisstufe.

Die QM-Elemente der DIN EN ISO 9001 sind im folgenden kurz beschrieben. Die in Klammern (1), (2), (3) usw. angegebenen Nummern beziehen sich auf die entsprechenden QM-Elemente der DIN EN ISO 9001.

(1) Verantwortung der Leitung

Forderungen/Zweck

Die Geschäftsleitung bzw. die Leitung einer Organisation (z.B. eines Bereiches) ist verantwortlich für die Qualität. Sie legt die Qualitätspolitik fest und schafft die organisatorischen, personellen und sonstigen Voraussetzungen zur Einrichtung und Umsetzung eines QMS. Eignung und Wirksamkeit des eingeführten QMS werden von der Leitung regelmäßig bewertet.

Umsetzung

- Qualitätspolitik schriftlich festlegen und den Mitarbeitern zugänglich machen.
- Qualitätsziele festlegen und beschreiben, wie die Zielerfüllung überprüft werden kann (operationalisierbare Ziele, die u.U. bereichs- oder produktspezifisch ausgelegt sind).

- Aufbau- und Ablauforganisation mit Verantwortlichkeiten und Befugnissen festlegen (soweit diese die Qualität beeinflussen).
- Mitglied des Führungskreises als QM-Beauftragten benennen und dessen Verantwortung und Befugnisse festlegen (einschließlich der Unabhängigkeit der Mitarbeiter des Qualitätswesens).
- Durchführung und Dokumentation der regelmäßigen internen QM-Audits mit Bewertung der Normen-Konformität und Wirksamkeit. Eine Betrachtung von Kosten und Nutzen (Wirtschaftlichkeit) sollte ebenfalls durchgeführt werden.
- Angemessene Mittel bereitstellen und qualifiziertes Personal einsetzen.
- Mitarbeiter motivieren und Qualitätsbewußtsein fördern.

(2) Qualitätsmanagementsystem

Forderungen/Zweck

Das im Unternehmen eingeführte und praktizierte QMS liegt in dokumentierter Form vor. Das QMS deckt die Qualitätsmanagementelemente der Nachweisnorm DIN EN ISO 9001 ab (soweit zutreffend).

Umsetzung

- Geltungsbereich des QMS festlegen.
- Dokumentationsstruktur festlegen.
- Dokumentation des QMS mittels
  - QM-Handbuch,
  - QM-Verfahrens- und Arbeitsanweisungen,
  - Prüfanweisungen,
  - Qualitätsaufzeichnungen
  - QM-Plänen
  - Entwicklungspläne
  - sonstigen Richtlinien, Werksnormen usw.
- Erstellung, Freigabe und Änderung der QMS-Dokumente regeln.
- Qualitätsplanung , -lenkung und -kontrolle zur Erfüllung der festgelegten und erwarteten Forderungen an Produkte, Projekte und Dienstleistungen durchführen.

(3) Vertragsprüfung

Forderungen/Zweck

Es ist für jeden Vertrag sicherzustellen, daß die Forderungen eindeutig und angemessen festgelegt sind und die geforderten Leistungen machbar sowie vom durchführenden Unternehmen erbringbar sind.

Umsetzung

- Erstellen einer QM-Verfahrensanweisung zur
  - Prüfung von Angebotsaufforderungen,
  - Angebotserstellung und -prüfung,
  - Prüfung von Auftragseingängen (Vertragsprüfung),
  - Behandlung und Durchführung von Vertragsänderungen.
- Festlegung der Verantwortlichkeiten des Auftraggebers und der Lieferanten (für Beschaffungen, Beistellungen, Dienstleistungen, einzubindendes Fremdpersonal, ...).
- Festlegung der Abnahme-/Annahmekriterien.
- Dokumentation und Aufbewahrung der Unterlagen aus Angebots- und Vertragsprüfungen.

(4) Designlenkung

Forderungen/Zweck

Zur Sicherstellung der Erfüllung der Forderungen muß ein Verfahren zur Planung, Lenkung und Prüfung der Design- und Entwicklungsaktivitäten eingeführt, angewendet und aufrechterhalten werden. Dies betrifft sowohl die Prozesse der Entwicklung als auch die festgelegten Qualitätsforderungen an Produkte/Projekte.

Umsetzung

- Festlegung der Entwicklungsprozesse (nach z.B. Phasen, Aufgaben, Abhängigkeiten, Ergebnisse,...).
- Erstellung Projekthandbuch, Qualitätsmanagementplan, Konfigurationsmanagementplan, Projektplan.
- Festlegung der organisatorischen und technischen Schnittstellen zwischen den am Designprozeß beteiligten Stellen.
- Festlegung und Prüfung der Designvorgaben (Lastenheft, Pflichtenheft o.ä.).
- Festlegung der zu erzielenden Design- und Entwicklungsergebnisse.

- Prüfung der Ergebnisse (z.B. durch Testpläne, Testspezifikationen, Testdurchführung, Testprotokolle).
- Verifizierung und Validierung.
- Änderungen analysieren, durchführen, prüfen, dokumentieren und freigeben.

(5) Lenkung der Dokumente und Daten

Forderungen/Zweck

Alle qualitätsrelevanten Dokumente und Daten (wie z.B. Verträge, Designvorgaben, Entwicklungsergebnisse, Dokumente des QMS) müssen nach einem kontrollierten Verfahren erstellt, gekennzeichnet, geprüft, freigegeben und an alle betroffenen Stellen verteilt werden. Änderungen werden nur durch hierfür autorisierte Stellen durchgeführt. Änderungszustand und Änderungshistorie müssen eindeutig erkennbar sein.

Umsetzung

- Festlegung der Dokumentenstruktur und der Regeln zur Identifikation der Dokumente.
- Festlegung eines Verfahrens einschließlich der Verantwortlichkeiten zur Erstellung, Prüfung, Freigabe, Verteilung, Archivierung und Änderung von Dokumenten.
- Konfigurationsmanagement und Änderungsmanagement für jedes Projekt festlegen.

(6) Beschaffung

Forderungen/Zweck

Es ist sicherzustellen, daß beschaffte Produkte und Leistungen, die für die Entwicklungsprozesse oder die Entwicklungsergebnisse qualitätsrelevant sind, die festgelegten Anforderungen erfüllen. Lieferanten sollten anhand von Beurteilungen ausgewählt werden.

Umsetzung

- Festlegung der Beschaffungsangaben.
- Festlegung eines Verfahrens zur Auswahl und Beurteilung von Produkten.
- Festlegung eines Verfahrens zur Auswahl und Beurteilung von Lieferanten.
- Festlegung eines Verfahrens für den Beschaffungsablauf.
- Prüfung von beschafften Produkten/Leistungen nach Prüfplänen und Aufbewahrung der Qualitätsnachweise

(dies umfaßt auch: Eingangsprüfungen, Wartung von beschafften Produkten, ordnungsgemäße Kennzeichnung und Lagerung).

- Ggf. Durchführung von Reviews beim Lieferanten (soweit vertraglich festgelegt unter Beteiligung des Kunden).

(7) Lenkung der vom Kunden beigestellten Produkte

Forderungen/Zweck

Es ist sicherzustellen, daß vom Kunden beigestellte Produkte und zu erbringende Leistungen, die für die Entwicklungsprozesse oder die Entwicklungsergebnisse qualitätsrelevant sind, die festgelegten Anforderungen erfüllen. Beigestellte Produkte müssen vor Verlust, Verschleiß oder Beschädigung geschützt werden.

Umsetzung

- Festlegung der vom Kunden beizustellenden Produkte bzw. zu erbringenden Leistungen im Vertrag.
- Festlegung der Verfahren zur Prüfung der Beistellungen.
- Prüfung von beigestellten Produkten/Leistungen nach Prüfplänen und Aufbewahrung der Qualitätsnachweise.
- Festlegung der Verfahren zum Umgang mit Beistellungen (z.B. für Lagerung, Wartung, bei Verlust oder Beschädigung).
- Aufzeichnungen über nicht geeignete und mangelbehaftete Beistellungen erstellen.

(8) Kennzeichnung und Rückverfolgbarkeit von Produkten

Forderungen/Zweck

Zwischen- und Endergebnisse im gesamten Entwicklungsprozeß müssen eindeutig identifizierbar und dem jeweiligen Vertrag/Produkt eindeutig zugeordnet werden können. Durchgeführte Änderungen müssen rückverfolgbar sein (Versionskontrolle).

Umsetzung

- Festlegung der eindeutigen Identifikation in einem Konfigurationsmanagementplan.
- Verwaltung der Produkte (Produktkomponenten) in einer Konfigurationsstatusliste (aktuelle Versionen und Varianten).

- Kennzeichnung von Änderungen mit Bezug zum Änderungsanlaß und der Vorgängerversion.

(9) Prozeßlenkung

Forderungen/Zweck

Die organisatorischen Voraussetzungen, Produktionsumgebungen und Randbedingungen müssen geeignet sein, die geforderte Qualität der Prozesse und Produkte zu erfüllen.

Umsetzung

- Design, Entwicklung und Wartung erfolgen unter beherrschten Bedingungen.
- Festlegung der anzuwenden Methoden und Verfahren
- Festlegung der einzusetzenden Entwicklungs- und Testumgebungen (Hardware, Software).
- Festlegung der einzusetzenden Werkzeuge (wie z.B. Compiler, Generatoren, CASE-Umgebungen).
- Festlegung der Verfahren und Werkzeuge für das Änderungsmanagement und das Konfigurationsmanagement.
- Festlegung der Verfahren und Werkzeuge für das Projektmanagement (Personal- und Ressourcenplanung, Terminverfolgung, Fortschrittskontrolle usw.).
- Festlegung der Verfahren für Vervielfältigungen.

(10) Prüfungen

Forderungen/Zweck

Prüfungen müssen durchgeführt werden, um die Erfüllung der festgelegten Forderungen nachzuweisen. Dies erfolgt durch Eingangs-, Zwischen- und Endprüfungen.

Umsetzung

- Erstellen von QS-Plänen, Prüfplänen und Prüfanweisungen (auch für Zulieferungen und Beistellungen).
- Durchführung der Prüfungen nach den Prüfplänen.
- Dokumentation der Prüfdurchführung und der Prüfergebnisse mit Kennzeichnung der Teile, die einer Nacharbeit unterworfen werden müssen.
- Bewertung der Prüfergebnisse und Freigabe der Prüfobjekte vor der weiteren Verwendung (ggf. mit Sonderfreigabe). Die Verwendung bezieht sich dabei sowohl auf die weitere Verwendung im Projektablauf als auch auf die Auslieferung an den Kunden.

- Kennzeichnung von fehlerhaften Produkten.

(11) Prüfmittelüberwachung

Forderungen/Zweck

Prüfmittel müssen für den jeweiligen Zweck geeignet sein sowie überwacht, kalibriert und instandgehalten werden.

Umsetzung

- Festlegung und Kennzeichnung der Prüfmittel nach Einsatzgebiet, Eignung und Version.
- Schutz der Prüfmittel vor unbeabsichtigter Veränderung
- Überprüfung neuer Prüfmittel und Versionen durch Vergleich mit alternativen Prüfmitteln bzw. der Vorgängerversion.
- Beispiel für Prüfmittel in der Softwareentwicklung:
  - Testdaten,
  - Testwerkzeuge,
  - Testumgebungen,
  - Checklisten, Prüfspezifikationen,
  - Meßtools zur Programmbewertung,
  - Compiler,
  - CASE-Werkzeuge.

(12) Prüfstatus

Forderungen/Zweck

Der Prüfstatus eines Produktes muß in allen Phasen der Entwicklung erkennbar sein. Dies betrifft sowohl den Status (wie z.B. in Bearbeitung, in Prüfung, geprüft, in Änderung, freigegeben, gesperrt) wie auch die Zuordnung zum Prozeßschritt.

Umsetzung

- Kennzeichnung des Prüfstatus von Hardwarekomponenten durch z.B. Aufkleber oder Begleitpapiere,
- Kennzeichnung des Prüfstatus von Dokumenten auf dem Deckblatt des Dokumentes.
- Kennzeichnung des Prüfstatus von Software im Modulkopf und der Konfigurationsstatusliste.

(13) Lenkung fehlerhafter Produkte

Forderungen/Zweck

Fehlerhafte Produkte müssen von einer versehentlichen Benutzung ausgeschlossen werden.

Umsetzung

- Kennzeichnung von fehlerhaften Produkten durch Aufkleber, Begleitpapiere o.ä.
- Sperren fehlerhafter Produkte durch getrennte Lagerung oder sonstige Sperrmechanismen.
- Festlegung von Verfahren zur Korrektur und Nachprüfung fehlerhafter Produkte.
- Festlegung der Verfahren und Verantwortlichkeiten für Sonderfreigaben.
- Festlegung eines Verfahrens zur Information der Kunden, bei denen ein fehlerhaftes Produkt im Einsatz ist.
- Festlegung eines Verfahrens für das Konfigurationsmanagement.

(14) Korrektur- und Vorbeugungsmaßnahmen

Forderungen/Zweck

Bei aufgetretenen Fehlern müssen die Ursachen untersucht und geeignete Korrekturmaßnahmen ergriffen werden. Durch geeignete Vorbeugungsmaßnahmen muß vermieden werden, daß Wiederholungen der Fehler auftreten. Ergriffene Maßnahmen müssen auf Eignung und Wirksamkeit hin überwacht werden.

Umsetzung

- Fehlerursachen durch Analyse der Prozesse, Entwicklungsumgebungen usw. analysieren.
- Vorbeugende Untersuchungen zu möglichen Fehlerquellen durchführen (mittels z.B. Ishikawa, FMEA, Pareto).
- Überwachung der Entwicklungsprozesse und Produkte durch Auswertung von Testberichten, Kundenreklamationen, Wartungsberichten usw.
- Festlegung eines Verfahrens zur Durchführung von Korrektur- und Vorbeugungsmaßnahmen.

(15) Handhabung, Lagerung, Verpackung, Konservierung und Versand

Forderungen/Zweck

Es ist sicherzustellen, daß Produkte nach ihrer Fertigstellung so gelagert, verpackt und an den Kunden versendet werden, daß keine Beeinträchtigungen erfolgen.

Umsetzung

- Festlegung eines Verfahrens zur Sicherung des Produktes vor Veränderung (z.B. durch Zugriffsschutz, Auslagerung auf off-line Datenträger).
- Erstellen von Produktkopien mit Überprüfung der Vollständigkeit und Korrektheit.
- Verwendung von geeignetem Verpackungsmaterial.
- Kennzeichnung von Lieferungen mit Freigabedokument.
- Installationsanweisung mit automatischer Überprüfung der korrekten Version.

(16) Lenkung von Qualitätsaufzeichnungen

Forderungen/Zweck

Qualitätsaufzeichnungen müssen aufbewahrt werden zum Nachweis, daß die Qualitätsforderungen erfüllt wurden, das QM-System angewendet wurde sowie wirkungsvoll ist. Zusätzlich dienen Qualitätsaufzeichnungen als Quelle für gezielte Verbesserung der Prozesse und Produkte.

Umsetzung

- Erstellung eines Verfahrens zur Aufzeichnung und Aufbewahrung von Qualitätsaufzeichnungen.
- Festlegung der Aufbewahrungsdauer in Abhängigkeit von der Bedeutung (ggf. gesetzliche und vertragliche Bestimmungen beachten).
- Qualitätsaufzeichnungen den Stellen verfügbar machen, die für Korrektur- und Verbesserungsmaßnahmen zuständig sind.

(17) Interne Qualitätsaudits

Forderungen/Zweck

Um das praktizierte QMS auf Übereinstimmung mit der QMS-Dokumentation, auf Normenkonformität und auf Wirksamkeit zu überprüfen, müssen interne Qualitätsaudits geplant, durchgeführt und dokumentiert werden. Je nach Zielsetzung kann dies in Form von QMS-Audits (für das gesamte Unternehmen oder einen Bereich), für einzelne QM-Elemente bzw. Verfahren oder als Produktaudit bzw. Projektaudit erfolgen. Audits werden durch unabhängige Auditoren durchgeführt. Die erzielten Ergebnisse werden den betroffenen Stellen zur Kenntnis gebracht, die auch für ggf. erforderliche Korrektur- und Verbesserungsmaßnahmen zuständig sind. Die Ergebnisse von QM-Audits werden der Leitung mitgeteilt und von dieser bewertet.

Umsetzung

- Festlegung eines Verfahrens zur Planung, Durchführung und Dokumentation interner Audits.
- Fragenkatalog für Audit erstellen und an den jeweiligen Auditzweck anpassen.
- QM-System bzw. QM-Elemente regelmäßig auditieren.
- Festlegung eines Verfahrens zur Einleitung, Durchführung und Prüfung von Korrektur- und Verbesserungsmaßnahmen.

(18) Schulung

Forderungen/Zweck

Für alle qualitätsrelevanten Aufgaben werden nur Mitarbeiter mit entsprechender Qualifikation eingesetzt. Der Weiterbildungsbedarf für anstehende und sich ändernde Aufgaben wird ermittelt und in Weiterbildungsplänen dokumentiert. Über durchgeführte Maßnahmen und die Mitarbeiterqualifikationen werden Nachweise geführt und gepflegt. Besondere Aufmerksamkeit ist Mitarbeitern zu schenken, die neu eingestellt werden.

Umsetzung

- Aktuelle Qualifikationsprofile der Mitarbeiter führen.
- Schulungsbedarf ermitteln (insbesondere auch für Personal des Qualitätswesens).
- Schulungsplan erstellen.
- Schulungen durchführen und dokumentieren.

(19) Wartung

Forderungen/Zweck

Die Wartung umfaßt sowohl eine vertraglich vereinbarte Gewährleistung als auch den Kundendienst für ausgelieferte Produkte. Festgelegte Verfahren zur Erfassung und Behandlung von Kundenreklamationen und Änderungswünschen (Pflege) müssen sicherstellen, daß die Kundenforderungen erfüllt werden.

Umsetzung

- Einführung eines Verfahrens zur Ermittlung der Kundenreaktionen (z.B. durch Marktbeobachtung, Umfragen, Führen von Fehlerstatistiken, Hot-Line).
- Wartungsverpflichtungen vertraglich festlegen.
- Erstellen eines Wartungsplans (Wartungsgegenstand, Organisation, Abläufe, Änderungsdienst, Freigabe usw.). Soweit Änderungen an der Software durchgeführt werden, gelten sinngemäß dieselben Regelungen, die auch bei der Erstentwicklung angewendet werden.
- Prüfung, ob Wartungsleistungen die Kundenforderungen erfüllen.

(20) Statistische Methoden

Forderungen/Zweck

Soweit zweckmäßig sollen statistische Methoden eingesetzt werden, um die Erfüllung der Qualitätsforderungen und die Eignung der Prozesse zu überwachen.

Umsetzung

- Möglichkeiten und Aussagefähigkeit von statistischen Methoden bzgl. der Prozeß- und Produktmerkmale prüfen.
- Methoden einführen (wenn möglich mit Werkzeugeinsatz).
- Statistische Daten sammeln und auswerten.
- Beispiele für die Softwareentwicklung:
  - Kundenstatistik
  - Pareto-Analysen,
  - Meilensteintrendanalysen,
  - Häufigkeitsanalysen nach Fehlerklassen und -ursachen,
  - Aufwandsverteilung nach Projektphasen,
  - Qualitätskosten,
  - Verdichtung von Qualitätsaufzeichnungen.

(21) Finanzielle Überlegungen (aus DIN EN ISO 9004-1)

Forderungen/Zweck

Um die Wirtschaftlichkeit eines eingeführten QM-Systems beurteilen zu können, sollten die Kosten dem Nutzen gegenübergestellt werden.

In DIN EN ISO 9004-1 sind hierzu drei verschiedene Ansätze dargestellt:

- qualitätsbezogene Kosten,
- prozeßbezogene Kosten,
- qualitätsbezogene Verluste.

Umsetzung

- Auswahl und Einführung eines Kostenmodells mit Differenzierung nach z.B.:
  - Kosten der Einführung des QMS,
  - Kosten der Wartung/Pflege des QMS,
  - besondere Fehlerverhütungskosten,
  - Prüfkosten,
  - Fehlerkosten vor Auslieferung,
  - Fehlerkosten nach Auslieferung.
- Beurteilung der Qualitätskosten bezogen auf z.B. Umsatz oder Gesamtkosten.

(22) Produktsicherheit (aus DIN EN ISO 9004-1)

Forderungen/Zweck

Soweit erforderlich sollen Sicherheitsaspekte bei Produkten und Prozessen besonders beachtet werden.

Umsetzung

- Ermittlung der einschlägigen Sicherheitsnormen und deren Umsetzung in Produktforderungen.
- Prüfung der Sicherheitsaspekte im Entwicklungsprozeß und Dokumentation der Prüfergebnisse.
- Ggf. Aufnahme von besonderen Hinweisen in die Benutzerdokumentation.
- Festlegung eines Verfahrens für einen ggf. erforderlichen Produktrückruf.

(23) Qualität im Marketing (aus DIN EN ISO 9004-1)

Forderungen/Zweck

Das Marketing sollte den Bedarf für ein Produkt (eine Dienstleistung) feststellen, die Kundenanforderungen ermitteln und Rahmenbedingungen wie z.B. Wettbewerb, Absatzmengen, Preise und Zeitpläne untersuchen.

Umsetzung

- Ermittlung der Leistungsmerkmale sowie der anzuwendenden Normen und gesetzlichen Regelungen.
- Ermittlung des Marktpotentials (Kundengruppen, Kundenpotential, Mengen, Preise, Zeiten,..).
- Positionierung zu den Mitbewerbern.

- Einführung eines Verfahrens zur Ermittlung der Kundenzufriedenheit.

Der Leitfaden DIN ISO 9000-3 für die Softwareerstellung

Entwicklung, Lieferung und Wartung von Software

Die DIN ISO 9000-3 ist ein Leitfaden für die Anwendung der Norm DIN EN ISO 9001 auf die Entwicklung, Lieferung und Wartung von Software. Er soll die Anwendung der Norm DIN EN 9001 für die Softwareentwicklung erleichtern und ist primär auf die kundenspezifische Erstellung von Software (Individualsoftware) ausgerichtet.

Entgegen der Strukturierung der DIN EN ISO 9001 nach 20 Qualitätsmanagementelementen ist der Leitfaden DIN ISO 9000-3 prozeßorientiert in drei Bereiche gegliedert:

Prozessbereiche der DIN ISO 9000-3

- Rahmen eines QMS (Verantwortung der Leitung, das QMS, interne QMS-Audits, Korrekturmaßnahmen),
- Lebenszyklustätigkeiten (von der Angebotserstellung über Design bis hin zur Wartung),
- Phasenunabhängige (unterstützende) Tätigkeiten im QMS (wie z.B. Konfigurationsmanagement, Lenkung der Dokumente, Werkzeuge, Beschaffung, Schulung, Qualitätsaufzeichnungen, Messungen, Beistellungen).

Diese Gliederung wird dem typischen Ablauf einer Softwareentwicklung eher gerecht als die „elementorientierte" Gliederung nach DIN EN ISO 9001, so daß ein derartiges Gliederungsschema auch für die Erstellung des Qualitätsmanagementhandbuches in Betracht gezogen werden sollte.

Der Leitfaden 9000-3 betont dabei die für die Softwareentwicklung besondere Bedeutung der Aspekte:

- Festlegen der Kundenanforderungen (Spezifikationen des Auftraggebers),
- Planung der Entwicklung,
- Planung der Qualitätssicherung,
- Validierung und Verifikation,
- Wartung,
- Konfigurationsmanagement,
- Projektmanagement.

Ein konsequent nach DIN ISO 9000-3 aufgebautes QM-System erfüllt die Anforderungen nach Norm DIN EN ISO 9001.

Welche Abschnitte des Leitfadens 9000-3 welche Qualitätsmanagementelemente der 9001 abdecken, ist in der folgenden Abbildung ausgewiesen:

Abschnitt der DIN ISO 9000-3	QM-Element der DIN EN ISO 9001
• Verantwortung der obersten Leitung	• 1 Verantwortung der Leitung
• Qualitätssicherungssystem	• 2 Qualitätsmanagementsystem
• Interne Qualitätsaudits	• 17 Interne Qualitätsaudits
• Korrekturmaßnahmen	• 14 Korrektur- und Vorbeugungsmaßnahmen
• Vertragsüberprüfung	• 3 Vertragsprüfung
• Festlegung der Forderungen des Auftraggebers	• 3 Vertragsprüfung • 4 Designlenkung
• Planung der Entwicklung	• 4 Designlenkung
• Planung der Qualitätssicherung	• 2 Qualitätsmanagementsystem • 4 Designlenkung
• Design und Implementierung	• 4 Designlenkung • 9 Prozeßlenkung • 13 Lenkung fehlerhafter Produkte
• Testen und Validieren	• 4 Designlenkung • 10 Prüfungen • 11 Prüfmittelüberwachung • 13 Lenkung fehlerhafter Produkte
• Annahme	• 10 Prüfungen • 15 Handhabung, Lagerung, Verpackung, Konservierung und Versand
• Vervielfältigung, Lieferung und Installation	• 10 Prüfungen • 13 Lenkung fehlerhafter Produkte • 15 Handhabung, Lagerung, Verpackung, Konservierung und Versand
• Wartung	• 13 Lenkung fehlerhafter Produkte • 19 Wartung
• Konfigurationsmanagement	• 4 Designlenkung • 5 Lenkung der Dokumente und Daten • 8 Kennzeichnung und Rückverfolgbarkeit von Produkten • 12 Prüfstatus • 13 Lenkung fehlerhafter Produkte
• Lenkung der Dokumente	• 5 Lenkung der Dokumente und Daten
• Qualitätsaufzeichnungen	• 5 Lenkung von Qualitätsaufzeichnungen

Abschnitt der DIN ISO 9000-3	QM-Element der DIN EN ISO 9001
• Messungen	• 20 Statistische Methoden
• Regeln, Praktiken und Übereinkommen	• 9 Prozeßlenkung • 11 Prüfmittelüberwachung
• Werkzeuge und Techniken	• 9 Prozeßlenkung • 11 Prüfmittelüberwachung
• Beschaffung	• 6 Beschaffung
• Beigestellte Softwareprodukte	• 7 Lenkung der vom Kunden beigestellten Produkte
• Schulung	• 18 Schulung

Abb. A-15: Querverweise von DIN ISO 9000-3 zu DIN EN ISO 9001

Interpretationsprobleme können u.U. bei der Anwendung der QM-Elemente

- Designlenkung und
- Prozeßlenkung

der DIN EN ISO 9001 entstehen.

Design- und Prozeßlenkung

In Produktionsunternehmen (wie z.B. im Maschinenbau) versteht man unter Designlenkung die Festlegung der aus dem Kundenauftrag abgeleiteten Produktmerkmale in der Entwicklungs- und Konstruktionsphase und der zur Produktherstellung ggf. speziell anzuwendenden Verfahren, Maschinen usw. (wie z.B. Prototyp-Prüfung, Festlegung spezieller Fertigungsprozesse und Einrichtungen). Die Prozeßlenkung umfaßt dann die eigentliche Herstellung des geforderten Produktes mit Überwachung der Prozesse und deren (Zwischen-) Ergebnisse.

Da diese Abgrenzung auf die Softwareentwicklung (wie auch auf andere Dienstleistungen) nicht direkt übertragbar ist, hat sich für die beiden o.a. QM-Elemente folgende Interpretation bewährt:

Designlenkung

- Die Designlenkung umfaßt den gesamten Entwicklungsprozeß (Phasen, Aufgaben usw.) vom Auftrag bis zur lieferfähigen Software (inklusive Wartung und Pflege).

Prozesslenkung

- Die Prozeßlenkung beinhaltet die gesamte Umgebung, die Randbedingungen und die begleitenden Maßnahmen zur Erstellung der Software (wie z.B. Werkzeuge, Hilfsmittel, Projektmanagement, qualitätssichernde Maßnahmen, Personal).

Anhang 3 Zertifizierung eines Qualitätsmanagementsystems

unabhängige Prüfung des QMS

Die Zertifizierung eines QMS erfolgt durch eine unabhängige Prüfstelle, die von der in Deutschland zuständigen Trägergemeinschaft für Akkreditierungen zugelassen ist. Die Prüfstelle beurteilt das in einem Unternehmen praktizierte Qualitätsmanagementsystem hinsichtlich der Fragestellungen:

- Sind die Prozesse normengerecht, festgelegt und angemessen dokumentiert?
- Sind die Prozesse effektiv zur Erreichung der erwarteten Ergebnisse?
- Werden die Prozesse im Unternehmen wie dokumentiert angewendet und verwirklicht?

Audit-Bericht

Die Ergebnisse der Prüfungen werden in einem Auditbericht dokumentiert und bewertet. Ist die Erfüllung der Forderungen nachgewiesen, wird das Zertifikat erteilt. Es gilt drei Jahre und muß danach durch ein Wiederholungs-Audit erneuert werden. Überwachungsaudits finden jährlich statt.

Die Erst-Zertifizierung erfolgt typischerweise in folgenden Schritten (siehe auch die folgende Abbildung A-16):

- Auswahl einer Prüfstelle,
- vertragliche Vereinbarung mit der Prüfstelle,
- Vorgespräch mit dem Auditor,
- Vor-Audit,
- Übergabe der Dokumente zum QMS an den Auditor,
- Prüfung der Dokumente durch den Auditor,
- Berichtserstellung durch den Auditor,
- ggf. Nachbesserungen in der Dokumentation,
- Audit vor Ort (Zertifizierungsaudit),
- abschließende Berichtserstellung durch den Auditor,
- ggf. Nachbesserungen des QMS,
- Erteilung des Zertifikats.

Abb. A-16: Zertifizierung

Anhang 4 Einführung in das V-Modell

Ausgangslage

Steigende Anforderungen an IT-Projekte

Die Anforderungen an IT-Projekte steigen ständig. Für die erfolgreiche Durchführung der Projekte wird ein gut organisierter und dokumentierter Entwicklungsprozeß benötigt.

Der Entwicklungsprozeß muß Antworten auf die folgenden Fragen finden:

- Was ist zu tun?
  Die im Grundsatz durchzuführenden Tätigkeiten, die Art der Ergebnisse dieser Tätigkeiten und die Anforderungen an den Inhalt der Ergebnisse der Systemerstellung sollten vorgegeben sein.
- Wie ist es zu tun?
  Die zu verwendenden Verfahren und Methoden für die Durchführung der Tätigkeiten und die Dokumentation der Ergebnisse der Systemerstellung sollten geregelt sein.
- Womit ist etwas zu tun?
  Die funktionalen Eigenschaften der verwendeten Werkzeuge (Tools) bei der Systemerstellung sollten festgelegt sein.

Nachteile gängiger Entwicklungsmodelle

Auf dem Markt gibt es zahlreiche Entwicklungsmodelle, die Antworten auf die eine oder die andere Frage geben. Zumeist beziehen sich diese Entwicklungsmodelle zu stark auf die eigentliche Systemerstellung und vernachlässigen die entwicklungsbegleitenden Tätigkeiten. Ein Entwicklungsprozeß muß neben der Systemerstellung auch die begleitenden Tätigkeiten des Projektmanagements, der Qualitätssicherung und des Konfigurationsmanagements berücksichtigen.

Ein Entwicklungsmodell, das Antworten auf die oben gestellten Fragen und Antworten gibt, ist der Entwicklungsstandard für IT-Systeme des Bundes, kurz Vorgehensmodell (V-Modell) genannt.

Das V-Modell

Standardisierter Entwicklungsprozeß

Das V-Modell wurde mit der Zielsetzung einer Standardisierung des Entwicklungsprozesses vom Ministerium für Verteidigung (BMVg) in Zusammenarbeit mit dem Bundesamt für Wehrtechnik und Beschaffung (BWB), dem Innenministerium und von der Industrieanlagen-Betreibergesellschaft (IABG) erstellt und erstmals 1992 veröffentlicht. Es ist inzwischen ein auch international anerkannter Entwicklungsstandard für IT-Systeme, der in einer überarbeiteten Fassung seit August 1997 vorliegt und auch verstärkt im kommerziellen Bereich verwendet wird.

Umfang des V-Modells

Das V-Modell umfaßt:

- das Vorgehensmodell mit
  - den verbindlichen Festlegungen (Teil 1: Regelungsteil) für die durchzuführenden Tätigkeiten (Aktivitäten) und die zu erzeugenden Dokumente (Produkte),
  - den Angaben zur Anwendung im behördlichen Bereich (Teil 2: Behördenspezifische Ergänzungen),
  - einer Sammlung von Handbüchern zu verschiedenen IT-Themen (Teil 3: Handbuchsammlung),
- die Methodenzuordnung,
- und die funktionalen Werkzeuganforderungen.

Das V-Modell in der Praxis

Für die Verwendung des V-Modells in der Praxis bieten sich mehrere Möglichkeiten an:

V-Modell als Vertragsgrundlage

- Als Vertragsgrundlage: Durch die konkrete Festlegung der Aktivitäten und der Produkte (Lieferumfang) bei der Systemerstellung wird das V-Modell als Vertragsgrundlage verwendet.

V-Modell als Arbeitsanleitung

- Als Arbeitsanleitung: Das V-Modell wird als Leitfaden oder als Checkliste für die Systemerstellung verwendet.

V-Modell als Kommunikationsbasis

- Als Kommunikationsbasis: Der einheitliche Entwicklungsstandard bei der Systemerstellung und das Erstellen eines gemeinsamen Glossars dienen als Kommunikationsbasis zwischen Auftraggeber, Nutzer, Auftragnehmer und Entwickler.

Anpassung an die konkrete Projektsituation

Tailoring des V-Modells

Damit das V-Modell als Vertragsgrundlage, als Arbeitsanleitung oder als Kommunikationsbasis verwendet werden kann, muß zunächst eine Anpassung des generischen V-Modells vorgenommen werden. Unter einem generischen Modell versteht man ein abstraktes und komplexes Modell, das für die praktische Verwendung an die Gegebenheiten des Unternehmens und an die jeweils konkrete Projektsituation angepaßt werden muß. Diese Anpassung wird beim V-Modell als „Tailoring“ bezeichnet.

Grundsätzliche Anpassung

In einem ersten Anpassungsschritt kann das V-Modell grundsätzlich an das Leistungsspektrum des Unternehmens angepaßt werden.

Ausschreibungsrelevantes Tailoring

Für jeden Auftrag werden zunächst die Haupt-/Unteraktivitäten und Produkte des V-Modells identifiziert, die für die erfolgreiche Projektdurchführung wirklich benötigt werden (Ausschreibungsrelevantes Tailoring). Dadurch wird eine übermäßige Papierflut aber auch das Fehlen wichtiger Dokumente verhindert. Das Ergebnis des Tailorings wird im Projekthandbuch dokumentiert.

Technisches Tailoring.

Während der Systementwicklung werden die Festlegungen des Projekthandbuches mit der jeweiligen Projektsituation verglichen. Es wird entschieden, welche Aktivitäten in welchem Umfang durchzuführen sind (Technisches Tailoring). Das Ergebnis dieser Entscheidung wird ebenfalls im Projekthandbuch dokumentiert.

Das V-Modell bei der Projektplanung

Planungsdokumente der Submodelle

Das Projekthandbuch beinhaltet u.a. Festlegungen für die durchzuführenden Aktivitäten und die zu erzeugenden Produkte der Bereiche Systemerstellung, Projektmanagement, Qualitätssicherung und Konfigurationsmanagement. Diese Bereiche werden im V-Modell als Submodelle bezeichnet. Konkrete Angaben zu Aktivitäten und Produkten in den Submodellen werden in der Planungsdokumentation der Submodelle festgelegt:

- für den Bereich Systementwicklung: das Projekthandbuch mit den Angaben der durchzuführenden Aktivitäten und der zu erzeugenden Produkte.
- für den Bereich Projektmanagement: der Projektplan mit der zeitlichen und personellen Planung des Projektes.
- für den Bereich Qualitätssicherung: der QS-Plan mit den Angaben der Qualitätsanforderungen und der durchzuführenden Prüfungen.
- für den Bereich Konfigurationsmanagement: der KM-Plan mit den Angaben zur administrativen Qualitätssicherung einschließlich Änderungsmanagement.

Zuordnung von Rollen

Zuordnung Aktivitäten zu Projektmitarbeitern

Die einzelnen Projektmitarbeiter werden entsprechend ihrer Kenntnisse und Fähigkeiten bestimmten Aktivitäten zugeordnet. Im V-Modell erhalten die Projektmitarbeiter sogenannte „Rollen“.

Für die einzelnen Submodelle Systemerstellung (SE), Projektmanagement (PM), Qualitätssicherung (QS) und Konfigurationsmanagement (KM) gibt es einen Verantwortlichen und ggf. einen oder mehrere Durchführende. Ein Projektmitarbeiter kann dabei durchaus mehrere Rollen innehaben.

Die Regelungen für die Rolleninhaber machen keine Aussagen über die organisatorische Einbettung der einzelnen Projektmitarbeiter, wodurch die Unabhängigkeit des V-Modells von organisatorischen und projektspezifischen Randbedingungen gewahrt bleibt.

Das V-Modell bei der Systemerstellung

Gemäß den Angaben in der Planungsdokumentation werden die Aktivitäten in den einzelnen Submodellen durchgeführt und die entsprechenden Produkte erzeugt.

Zusammenspiel Submodelle

Einen generellen Überblick über das Zusammenspiel der einzelnen Submodelle gibt die nachfolgende Abbildung:

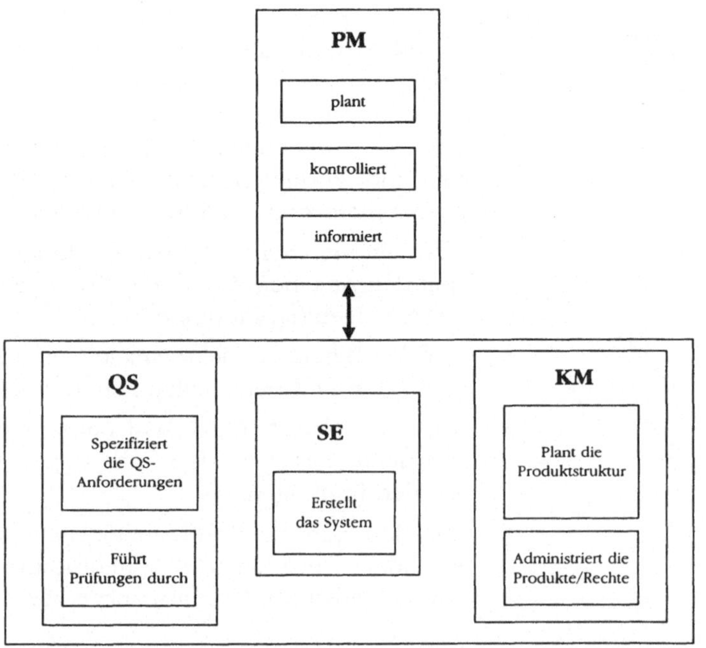

Abb. A-17: Zusammenspiel der Submodelle im V-Modell

Aufgaben der Submodelle

Die einzelnen Submodelle haben folgende Aufgaben:

- Submodell Projektmanagement (PM): plant, kontrolliert/steuert und informiert die einzelnen Submodelle.
- Submodell Systemerstellung (SE): entwickelt das System.
- Submodell Qualitätssicherung (QS): gibt die Qualitätsanforderungen vor und führt die Prüfungen durch.
- Submodell Konfigurationsmanagement (KM): verwaltet die Konfigurationen, Produkte, Rechte und Änderungen.

Im Submodell Systemerstellung (SE) werden die einzelnen Tätigkeiten bei der Systemerstellung in sogenannte Hauptaktivitäten unterteilt. Die nachfolgende Abbildung gibt einen Überblick über die einzelnen Hauptaktivitäten und deren wichtigster Produkte der Systemerstellung.

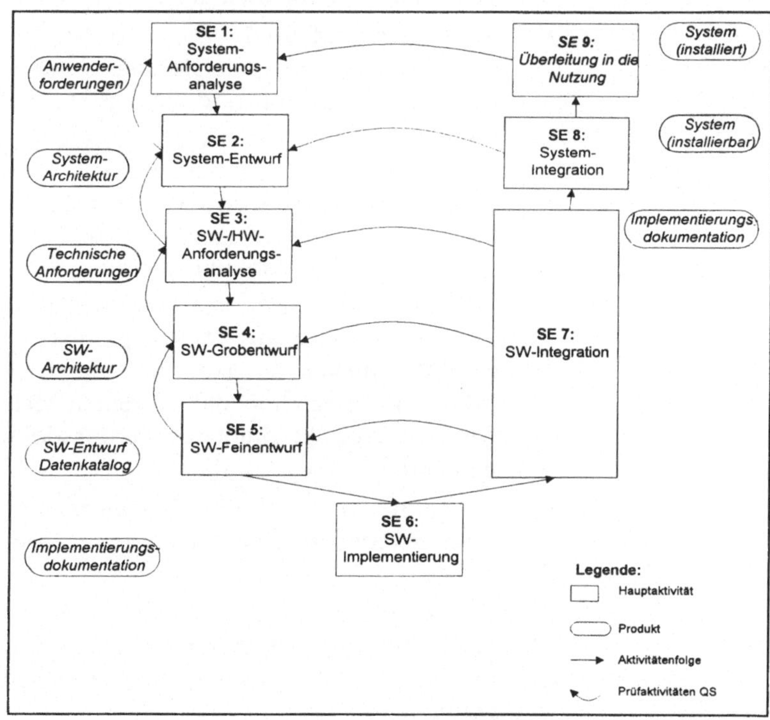

Abb. A-18: Hauptaktivitäten des Submodells Systemerstellung

Hauptaktivitäten und Produkte Systemerstellung

Die wichtigsten Inhalte und Produkte der einzelnen Hauptaktivitäten sind:

- System-Anforderungsanalyse (SE1): Die Anforderungen der Anwender an das System und eine Bedrohungs- und Risikoanalyse werden im Produkt „Anwenderforderungen" dokumentiert.

- System-Entwurf (SE2): Das gesamte System wird entworfen, in einzelne technische Einheiten (Software-Einheiten, Komponenten, Module/Datenbanken) zerlegt und im Produkt „Systemarchitektur" dokumentiert.
- SW-/HW-Anforderungsanalyse (SE3): Die Anforderungen an die einzelnen technischen Software- und Hardware-Einheiten werden spezifiziert und im Produkt „Technische Anwenderforderungen" dokumentiert.
- SW-Grobentwurf (SE4): Die Software-Einheiten werden entworfen, in weitere einzelne technische Einheiten (Komponenten, Module/Datenbanken) zerlegt und im Produkt „Software-Architektur" dokumentiert.
- SW-Feinentwurf (SE5): Die Vorgaben und Details für die anschließende Implementierung werden erarbeitet und in den Produkten „Software-Entwurf" und „Datenkatalog" dokumentiert.
- SW-Implementierung (SE6): Gemäß der vorgelagerten Spezifikationen werden die einzelnen SW-Module und Datenbanken implementiert und im Produkt „Implementierungsdokumentation" dokumentiert.
- SW-Integration (SE7): Die einzelnen technischen Bausteine werden zunächst zu SW-Komponenten und anschließend zu SW-Einheiten integriert und durch den Entwickler geprüft. Die Integration der einzelnen technischen Bausteine wird im Produkt „Implementierungsdokumentation" dokumentiert.
- System-Integration (SE8): Die einzelnen technischen Bausteine werden zu einem gesamten System integriert und geprüft.
- Überleitung in die Nutzung (SE9): Es wird ein Beitrag für die Einführung des Systems geleistet und das gesamte System wird in der Zielumgebung installiert sowie in Betrieb genommen.

Die Hauptaktivitäten sind in weitere Teilaktivitäten unterteilt. Die Ergebnisse der Teilaktivitäten werden in die Kapitel der entsprechenden Produkte der Hauptaktivitäten eingetragen, wodurch jede Aktivität bei der Systemerstellung dokumentiert ist.

Berücksichtigung verschiedener Entwicklungsszenarien

Die angegebene Vorgehensweise im Submodell Systemerstellung erinnert zunächst an eine wasserfallartige Vorgehensweise bei der Systemerstellung, die in der Praxis jedoch nicht üblich und nur selten anwendbar ist. Es handelt sich hier jedoch um die Angabe der grundsätzlichen Aktivitäten bei der Systemerstellung. Verschiedene Szenarien der Systemerstellung (inkrementelle Entwicklung, Einsatz von Fertigprodukten, objektorientierte Entwicklung, usw.), die Rücksprünge in eine frühere Aktivität erlauben, sind beispielhaft im Teil 3 des V-Modells (Handbuchsammlung des Allgemeines Umdrucks Nr.250/3, Entwicklungsstandard für IT Systeme des Bundes, Vorgehensmodell) angegeben.

Produkte der Systementwicklung

Anwenderforderungen

Anwenderforderungen

Im Produkt „Anwenderforderungen“ werden die fachlichen Anforderungen an das System aus der Sicht des Anwenders formuliert. Außerdem werden die Ergebnisse der Ist-Aufnahme/-Analyse, der Bedrohungs- und Risikoanalyse, die IT-Sicherheitsziele und die IT-Sicherheitsmaßnahmen dokumentiert.

Systemarchitektur

Systemarchtitektur

Das Produkt „Systemarchitektur“ enthält Angaben zum Aufbau des gesamten Systems und zur Aufteilung des Systems in einzelne Elemente (SW-Einheiten). Verschiedene Lösungsmöglichkeiten für die Systemarchitektur werden vorgestellt und diskutiert. Die gewählte Systemarchitektur und das statische Zusammenwirken der einzelnen Elemente des Systems werden dokumentiert.

Technische Anforderungen

Technische Anforderungen

Die im Produkt „Anwenderforderungen“ gestellten Anforderungen an das gesamte System werden im Produkt „Technische Anforderungen“ jedem einzelnen Element des Systems zugeordnet, weiter spezifiziert und technisch detailliert.

SW-Architektur (Grobentwurf)

SW-Architektur

Für jedes einzelne Element des Systems wird ein Grobentwurf erarbeitet. Verschiedene Lösungsvorschläge für die SW-Architektur werden vorgestellt und diskutiert. Die gewählte SW-Architektur wird dokumentiert, die SW-Einheiten in weitere Untereinheiten aufgeteilt und das dynamische und statische Verhalten entworfen.

SW-Entwurf

SW-Entwurf (Feinentwurf)

Die Angaben im Produkt „SW-Architektur" werden für die unterste Ebene des Systems (SW-Komponente, SW-Modul, Datenbank) spezifiziert und im Produkt „SW-Entwurf" dokumentiert. Das Produkt enthält somit die vollständigen Vorgaben für die Implementierung.

Implementierungsdokumente

Implementierungsdokumente

In diesem Produkt werden Verweise auf den elektronisch gespeicherten Source-Code, die Datenbank sowie sonstige Implementierungshinweise dokumentiert.

Datenkatalog

Datenkatalog

Das Produkt „Datenkatalog" enthält alle Angaben zu den benutzten Daten des Systems.

Schnittstellenübersicht

Schnittstellenübersicht

Die internen und externen Schnittstellen des Systems werden in einer zusammenfassenden Übersicht in diesem Produkt angegeben.

Schnittstellenbeschreibung

Schnittstellenbeschreibung

In diesem Produkt werden die einzelnen Schnittstellen der Schnittstellenübersicht weiter spezifiziert und detailliert beschrieben.

Integrationsplan

Integrationsplan

Die Vorschriften für den Zusammenbau der einzelnen Elemente des Systems zu einem System werden im Produkt „Integrationsplan" dokumentiert.

Betriebsinformationen

Betriebsinformationen

Das Produkt „Betriebsinformationen" faßt die Informationen für das Anwendungshandbuch, das Diagnosehandbuch, das Betriebshandbuch und sonstige relevante Einsatzinformationen zusammen.

Zusammenfassung

Eigenschaften des V-Modells

Zusammenfassend ergeben sich folgende Eigenschaften für das V-Modell:

- Das V-Modell ist ein ganzheitliches standardisiertes Vorgehensmodell für die Software- und Hardware-Systemerstellung, das neben der eigentlichen Systemerstellung auch die entwicklungsbegleitenden Tätigkeiten (Projektmanagement, Qualitätssicherung, Konfigurationsmanagement) berücksichtigt. Es existieren konkrete Angaben zur Durchführung der Tätigkeiten (Aktivitäten) und als Vorgaben für die Ergebnisse (Produkte).

- Es ist ein generisches Modell, das flexibel an die jeweilige Organisations- und Projektstruktur angepaßt werden kann. Die Zuordnung von Aktivitäten an Projektbeteiligte geschieht über die Verteilung von Rollen.
- Das V-Modell kann als Vertragsgrundlage, als Arbeitsanleitung oder als Kommunikationsbasis verwendet werden.
- Das V-Modell ist unabhängig von verwendeten Werkzeugen, Verfahren und Methoden regelt nur die logische Reihenfolge der Systemerstellung, nicht die chronologische.
- Beim V-Modell handelt es sich um einen frei verfügbaren Entwicklungsstandard, der keinen Nutzungsrechten unterliegt. Die Weiterentwicklung unterliegt der Kontrolle einer Änderungskonferenz mit Behörden- und Industrievertretern.

Durch die Verwendung des V-Modells als standardisiertes Vorgehensmodell lassen sich folgende Ziele erreichen:

Vorteile bei der Anwendung des V-Modell

- Bessere Planung, Erfassung, Auswertung und Kontrolle der Kosten bei IT-Projekten,
- Verbesserung der Softwarequalität und damit Verringerung der Wartungskosten sowie Steigerung der Wiederverwendbarkeit,
- Verbesserung der Kommunikation zwischen Auftraggeber, Nutzer, Auftragnehmer und Entwickler.

Durch die Anwendung des V-Modells werden die Anforderungen bei der Erstellung sicherheitskritischer Software (ITSEC) berücksichtigt und es wird eine Grundlage zur Zertifizierung der Prozesse nach DIN EN ISO 9001 gelegt.

Die Verwendung des V-Modells ist somit eine geeignete Grundlage für die Entwicklung hochwertiger Systeme und für die erfolgreiche Durchführung von IT-Projekten.

Anhang 5 Ausblick

Was kann erreicht werden?

Qualität ist eine wachsende Forderung des Käufermarktes und unverzichtbar für die Softwarehersteller und -anbieter. Erfolge wie transparenter Entwicklungsstand, weniger Probleme in Gewährleistung und Wartung, Verkürzung der Entwicklungszeit, höhere Produktivität und Kostensenkung bei höherem Qualitätsniveau werden sich nur einstellen, wenn Management und Mitarbeiter von der Notwendigkeit und den Vorteilen des Qualitätsmanagements für das eigene Unternehmen überzeugt sind. Die positive Wirkung auf den Markt wird dann nicht ausbleiben.

QMS ausbauen und anpassen

Ein Qualitätsmanagementsystem ist jedoch nicht statisch, sondern es lebt. Die ständige Anpassung an die sich ändernden Marktbedürfnisse und die kontinuierliche Verbesserung der Prozesse für Analyse, Design, Spezifikation, Entwicklung und Wartung von Software sind unabdingbar.

Und ein noch so gut funktionierendes QM-System darf nicht darüber hinwegtäuschen, daß damit erst die Basis für eine beherrschte Software-Produktionstechnologie gegeben ist.

Neue Technologien und Anwendungen sowie neue Kundenforderungen stellen bei wachsendem Wettbewerb die Softwarehersteller zunehmend vor die Aufgabe, ihre Produkte und Dienstleistungen „in time – under budget – with high quality“ zu entwickeln bzw. zu erbringen.

Entsprechend schreiten auch die diversen Aktivitäten der nationalen und internationalen Arbeitsgruppen und Normungsgremien voran. Einige dieser Vorhaben werden im folgenden kurz dargestellt.

Revision der ISO 9000

So wird z.B. an einer Revision der DIN ISO 9000-3 (Qualitätsmanagement und Qualitätssicherungsnormen: Leitfaden für die Anwendung von ISO 9001 auf die Entwicklung, Lieferung und Wartung von Software, Stand Juni 1992) gearbeitet. Diese Revision umfaßt u.a. die Anpassung an die Ausgabe der DIN EN ISO 9001 von 1994 und berücksichtigt die neueren Standards ISO/IEC 12207-1 (Software life cycle processes) und ISO 10007 (Configuration Management).

In der langfristigen Planung (bis etwa zum Jahr 2000) ist seitens der Normungsgremien vorgesehen, die weitere Ausuferung der

ISO 9000-Normen zu verhindern. Angestrebt wird, daß nur noch folgende 4 Normen bestehen bleiben:

- Concepts and Terminology (bisher ISO 8402),
- Requirements for Quality Management Systems (ISO 9001),
- Guidance for Quality Management Systems (ISO 9004),
- Guidelines for Auditing Quality Management Systems (ISO 10011).

Alle anderen (bisherigen) Normen und Leitfäden zum Qualitätsmanagement sollen in die oben genannten Normen integriert werden oder als ergänzende Reports erscheinen.

Inhaltlich werden bei dieser Überarbeitung die Aspekte der Konformität der Produkte und Dienstleistungen und der Sicherstellung des langfristigen Erfolges durch kontinuierliche Verbesserung der Prozesse im Vordergrund stehen.

CMM

Eine weitere Intention zur Verbesserung der Entwicklungsprozesse geht von der Analyse und Bewertung der in einem Unternehmen praktizierten Prozeßstandards aus (Vorgehensmodelle, Verfahren, Methoden, Richtlinien usw.) und ermittelt für die betrachtete Organisation einen „Reifegrad". Ein Beispiel hierfür ist das vom SEI (Software Engineering Institute der Carnegie-Mellon University) entwickelte „Capability Maturity Model (CMM)", das 5 Reifegrade mit entsprechenden Charakteristiken und Verbesserungspotentialen ausweist (siehe folgende Abbildung).

Reifegrad	Charakteristiken	Maßnahmen
5 selbst optimierend	- automatische Datensammlung - ständige Verbesserungen - ständige Fehlerursachenanalyse	- Wartung und Pflege auf optimalem Level
4 beherrscht	- Prozeßmessungen - Produkt- & Produktivitätsmessungen - Prozeßdatenbank	- techn. Innovation - Problemanalyse - Problemvermeidung
3 definiert	- Prozeß definiert und institutionalisiert - Qualitätszirkel zur Prozeßverbesserung eingerichtet	- Prozeßmessung - Prozeßanalyse - Quantitative Q-Merkmale
2 wiederholbar	- Prozeß ist abhängig von Mitarbeitern - Projektkontrolle z.T. vorhanden - Risiko bei neuen Herausforderungen	- Schulung - Prüfungen - Prozeßregeln
1 initial	- keine formalen Verfahren, Projekt-Mgt - Werkzeuge schlecht integriert - rudimentäre Methoden	- Projektmanagement - Werkzeugverbund - Methodenauswahl

 abgedeckt durch DIN EN ISO 9001

Abb. A-19: Qualitätsreifegrad nach CMM

Ein Qualitätsmanagementsystem, das die Forderungen der DIN EN ISO 9001 erfüllt, ist nach dem CMM mindestens der Ebene 2 oder 3 zuzuordnen.

TickIT
Trillium
Bootstrap

Auf Basis von CMM und anderen Entwicklungen wie z.B. TickIT, Trillium und Bootstrap wird seit 1993 durch ein privatwirtschaftlich getragenes Projekt der ISO das Bewertungsmodell und -verfahren SPICE (Software Process Improvement and Capability Determination) entwickelt. SPICE verbindet dabei ein Standardmodell der Softwareentwicklung mit Verfahren zur Analyse und Bewertung der Realität des unternehmensspezifischen Softwareentwicklungsmodells sowie mit Verfahren zur Definition von Verbesserungsmaßnahmen. Ähnlich wie bei CMM ordnet auch SPICE den realen Prozessen einen von fünf Reifegraden (capability levels) zu.

SPICE

Seit 1995 werden mehrere Testphasen mit SPICE durchlaufen, die in 1998 abgeschlossen werden sollen. Anschließend ist die Verabschiedung und Veröffentlichung dieses neuen Standards vorgesehen. Der aktuelle Stand ist im Entwurf als ISO/IEC 15504 (in 9 Teilen) verfügbar.

Das Rahmenmodell von SPICE ist in der folgenden Abbildung dargestellt.

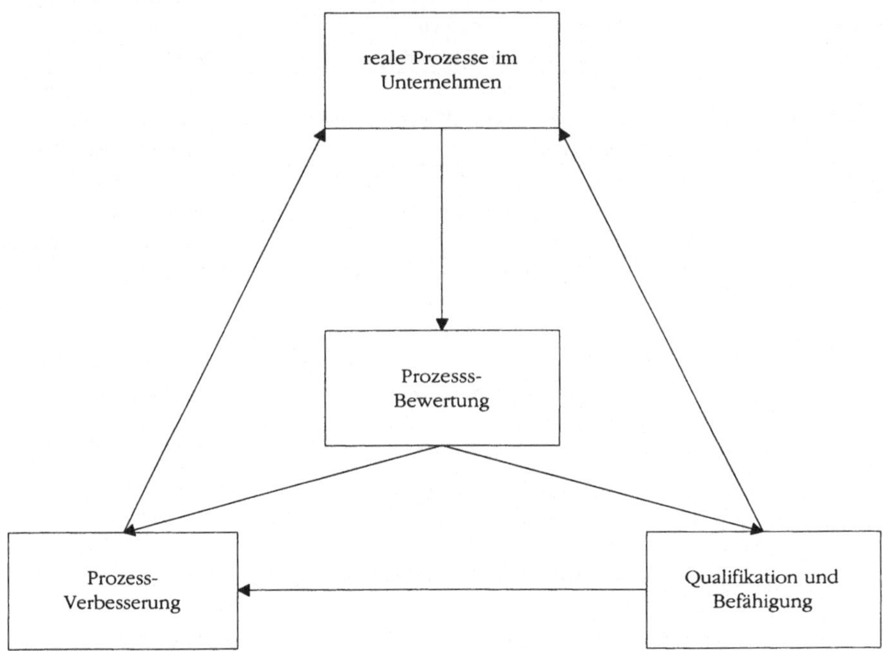

Abb. A-20: Assessment nach SPICE

Qualitätskostenrechnung

Andere Überlegungen, die in ISO 9000 und SPICE nicht bzw. nur bedingt berücksichtigt werden, gehen in Richtung einer Qualitätskostenrechnung (Fehlerverhütungs-, Prüf- und Fehlerkosten). Denn nur wenn Qualität wirtschaftlich erzeugt werden kann, können die Kosten vom Unternehmen getragen und am Markt durchgesetzt werden.

weitere Normen

Neben der ISO 9000-Familie bestehen noch weitere internationale Normen bzw. Normierungsbestrebungen, die sich speziell auf die Softwarentwicklung bzw. Softwareprodukte beziehen. Zu den wichtigsten gehören:

- ISO 9241
  Ergonomische Anforderungen für Bürotätigkeiten mit Bildschirmgeräte
- Entwurf ISO/CD 13407
  Human centred design processes for interactive systems

- DIN 66272 (ISO/IEC 9125)
  - Bewerten von Softwareprodukten -
  Qualitätsmerkmale und Leitfaden zu ihrer Verwendung
- DIN ISO/IEC 12119
  - Software-Erzeugnisse -
  Qualitätsanforderungen und Prüfbestimmungen

TQM

Und schließlich ist da noch die Zielrichtung des Total Quality Management (TQM), die in der Wertschöpfungskette die Potentiale (Befähigung) und Ergebnisse unter den Aspekten Management, Mitarbeiter, Ressourcen, Prozesse, Kunden, Gesellschaft/Umwelt und Kapitaleigner bewertet (siehe folgende Abbildung).

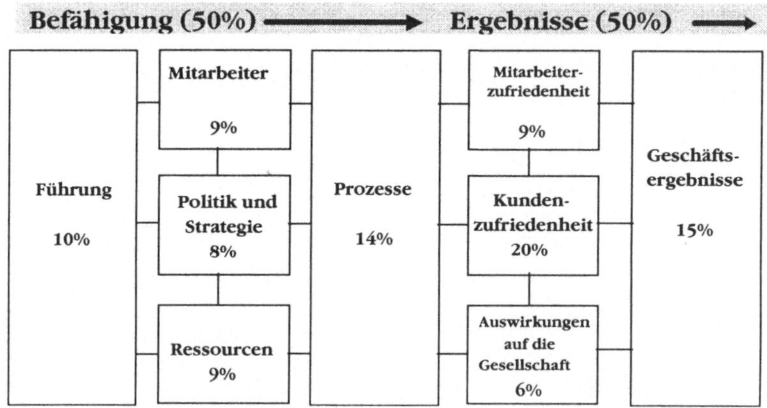

Abb. A-21: Das europäische TQM-Modell (EFQM)

Welche der aufgezeigten Richtungen sich mittel- und langfristig durchsetzen wird, ist zur Zeit schwer zu beurteilen. Zudem schließen sich die aufgezeigten Konzepte nicht aus, sondern ergänzen sich bzw. stellen „Verschärfungen" dar.

Das Ziel weist den Weg

Welchen Weg ein Softwareunternehmen beschreitet, um sich für die Zukunft zu rüsten, muß unternehmensspezifisch festgelegt werden. Statt den Quantensprung zu riskieren, ist es in jedem Fall ratsamer, einen Stufenplan zu entwickeln, der Bestehendes optimiert und neue Potentiale ausschöpft.

Dies ist eine Herausforderung, der sich das Management und die Mitarbeiter stellen müssen. Ein leistungsfähiges Qualitätsmanagementsystem kann hierzu einen wichtigen Beitrag leisten.

Literaturverzeichnis

AQAP-1 NATO Forderungen an ein industrielles Qualitätssteuerungssystem

AQAP-13 NATO Forderungen an die Qualitätslenkung von DV-Software

AQAP-150 NATO Quality Assurance Requirementes for Software Development

Bellin, G., Stelzer, D. Softwarequalitätsmanagement gemäß ISO 9000
Ergebnisse einer empirischen Untersuchung zertifizierter Qualitätsmanagementsysteme
Studien zur Systementwicklung des Lehrstuhls für Wirtschaftsinformatik zu Köln, Band 7, 1995

Beuth-Verlag Qualitätsmanagement DIN EN ISO 9000 SGML-Anwendung auf CD-ROM
Beuth Verlag, 1996

Brodeck Produktivität und Qualität in Software-Projekten
Oldenbourg, 1994

Bröhl, A.-P., Dröschel,W. Das V-Modell
Der Standard für die Softwareentwicklung mit Praxisleitfaden
Oldenbourg, 1993

Brümmer, W. Management von DV-Projekten,
Praxiswissen zur erfolgreichen Projektorganisation in mittelständigen Unternehmen
Vieweg, 1994

Burgartz, D. Qualitätsmanagement in der Software-Entwicklung
Markt & Technik 46, 1994

Burgartz, D. Software Qualitätsmanagement
- Bürokratischer Kraftakt oder Allheilmittel -
Computerwoche 8, 1995

Burgartz, D.	Qualitätsmanagement für die Softwareentwicklung wird skeptisch betrachtet Computerzeitung Nr. 22, 1995
Burgartz, D.	Qualitätsmodelle sind in der Software-Entwicklung ein Muß - ISO 9000 ist kein Garant für Produktqualität - Computerwoche 39, 1995
Burgartz, D.	Management Tip: Qualitätsarbeit organisieren Computerzeitung Nr. 41, 1995
Burgartz, D.	Management Tip: QM-Einführung Computerzeitung Nr. 42, 1995
Burgartz, D.	Management Tip: Qualität oder Zertifikat Computerzeitung Nr. 17, 1996
Burgartz, D.	Management Tip: IT-Projekte ohne Chaos bewältigen Computerzeitung Nr. 11, 1998
Burgartz, D., Schmitz, S.	QM-Verfahrensanweisungen für Softwarehersteller - Mustersammlung und Audit-Fragenkatalog nach DIN EN ISO 9001 - Vieweg, 1996
Burgartz, D., Schmitz, S.	Die CD-ROM zum Software-Qualitätsmanagement - Bausteine zur ISO9001-gerechten Realisierung eines Software-Qualitätsmanagements - Vieweg, 1997
Bush, M.	METKIT - Metrics Educational Toolkit London, 1991
Deutsche Gesellschaft für Qualität e.V.	Begriffe zum Qualitätsmanagement DGQ-Schrift 11-04 Beuth, 1995
Deutsche Gesellschaft für Qualität e.V.	Qualitätssicherungshandbuch: Leitfaden für die Erstellung, Aufbau, Einführung, Musterbeispiele Beuth, 1991
Deutsche Gesellschaft für Qualität e.V.	DQS-Auditprotokoll - DQS-Schrift 100-11 Beuth, 1995

Deutsche Gesellschaft für Qualität	Qualitätsmanagement von Software DGQ-ITG-Band 12-51 Beuth, 1995
Deutsche Gesellschaft für Qualität e.V.	Methoden und Verfahren des Qualitätsmanagements bei Software DGQ-ITG-Band 12-52 Beuth, 1995
Dilg, P.	Praktisches Qualitätsmanagement in der Informationstechnologie Hanser, 1995
DIN 55350	Begriffe der Qualitätssicherung und Statistik Beuth, 1990
DIN EN ISO 8402	Qualitätsmanagement und Qualitätssicherung Begriffe Beuth, 1995
DIN EN ISO 9000-1	Normen zum Qualitätsmanagement und zur Qualitätssicherung/QM-Darlegung Teil 1: Leitfaden zur Auswahl und Anwendung Beuth, 1994
DIN ISO 9000-2	Qualitätsmanagement und Qualitätssicherungsnormen Allgemeiner Leitfaden für die Anwendung von ISO 9001, ISO 9002 und ISO 9003 Beuth, 1992
DIN ISO 9000-3	Qualitätsmanagement und Qualitätssicherungsnormen Leitfaden für die Anwendung von ISO 9001 auf die Entwicklung, Lieferung und Wartung von Software Beuth, 1992
DIN EN ISO 9001	Qualitätsmanagementsysteme Modell zur Qualitätssicherung/QM-Darlegung in Design/Entwicklung, Produktion, Montage und Wartung Beuth, 1994
DIN EN ISO 9004-1	Qualitätsmanagement und Elemente eines Qualitätsmanagementsystems Teil 1: Leitfaden Beuth, 1994

DIN ISO 9004-2 | Qualitätsmanagement und Elemente eines Qualitätsmanagementsystems
Teil 2: Leitfaden für Dienstleistungen
Beuth, 1994

DIN ISO 10011 | Leitfaden für das Audit von Qualitätssicherungssystemen
Beuth, 1992

DIN ISO/IEC 12119 | Informationstechnik
Software-Erzeugnisse
Qualitätsforderungen und Prüfbestimmungen
Beuth, 1995

Dumke, R.. | Softwarequalität durch Meßtools
- Assessment, Messung und instrumentierte ISO 9000 -
Vieweg, 1996

Dumke, R. | Softwareentwicklung nach Maß
- Schätzen Messen Bewerten -
Vieweg, 1992

Dunn, R.H. | Software-Qualität: Konzepte und Pläne
Hanser, 1993

Fowler, M. | UML Destilled
A Concise Guide for Applications Developers
Addison-Wesley, 1997

Glaap, W. | ISO 9000 leich gemacht
Praktische Hinweise und Hilfen zur Entwicklung und Einführung von QS-Systemen
Hanser, 1993

Gütegemeinschaft Software e.V. | Allgemeine Bedingungen und Verfahrensrichtlinien für die Prüfung und Zertifizierung von Software-Erzeugnissen und der Herstellungsverfahren in Anlehnung an DIN ISO/IEC 12119 - SWQ
Gütegemeinschaft Software e.V., 1994

Herzwurm, G., Schockert, S., Mellis, W. | Qualitätssoftware durch Kundenorientierung
Die Methode Quality Function Deployment (QFD):
Grundlagen, Praxis und SAP® R/3® Fallbeispiele
Vieweg, 1997

IEEE	IEEE Std. 730 Standard for Software Quality Assurance Plans IEEE, 1989
ITQS	European Information Technology Quality - System Auditor Guide - ITQS Sekretariat Brüssel, 1992
Kellner, H.	Die Kunst, DV-Projekte zum Erfolg zu führen Budgets Termine Qualität Hanser, 1994
Kösters, J Schmitz, S.	ISO 9000 in der Software-Industrie - Ein Überblick - QZ 39, 1994/3
Leist, R.	Qualitätsmanagement - Praxishandbuch WEKA Fachverlag, 1995
Lindermeier, R., Siebert, F.	Softwareprüfung und Qualitätssicherung Das Handbuch zur Prüfung von Softwareerzeugnissen nach DIN ISO/IEC 12119 Oldenbourg, 1995
Masing, W.	Handbuch Qualitäts-Management Hanser, 1994
Mellis, W., Herzwurm, G., Stelter, G.	TQM der Softwareentwicklung - Mit Prozeßverbesserung, Kundenorientierung und Change Management zu erfolgreicher Software - Vieweg 1996
Pasch, J.	Kooperative Software-Entwicklung im Team Springer, 1994
Pfitzinger, E.	DIN EN ISO 9000 für die Software-Entwicklung Beuth, 1995
Röhling, J.	QMH - Das Muster-Qualitätsmanagementhandbuch Verlag TÜV Rheinland, 1994
Rothery, B.	Der Leitfaden zur ISO 9000 (mit QM-Handbuch und Erläuterungen) Hanser, 1994

Rumbaugh, J., Blaha, M., Premerlani, W., Eddy, F.,, Lorensen W.	Object-Oriented Modeling and Design Prentice-Hall, 1997
Schäbe, H.	Objektivität ausgeschlossen: - Nutzen und Nutzlosigkeit von Bewertungssystemen bei Audits - QZ 40 (1995) 11
Sneed, H.M.	Software-Qualitätssicherung R. Müller, 1988
Thaller, G.E.	Software-Qualität Sybex, 1990
Thaller, G.E.	Qualitätsoptimierung der Software-Entwicklung - Das Capability Maturity Modell (CMM) - Vieweg, 1993
Thaller, G.E.	Verifikation und Validation Vieweg, 1994
Thomann, J.	Der Qualitätssicherungs-Berater Verlag TÜV Rheinland, 1995
Trauboth, H.	Software-Qualitätssicherung Oldenbourg, 1993
Ungermann C., Tesch F.J., Stolpe B., Weissert M.	Qualitätsmanagement bei der Software-Erstellung - Leitfaden für die Umsetzung der DIN EN ISO 9000 ff - VDI Verlag, 1996
Verband der Automobilindustrie e.V. (VDA)	Qualitätssicherungs-Systemaudit nach DIN ISO 9004 - Fragenkatalog - Bewertung der Ergebnisse VDA, 1993
V-Modell	Vorgehensmodell Entwicklungsstandard für IT-Systeme des Bundes Allgemeiner Umdruck Nr. 250, Juni 1997

Wallmüller, E.	Software-Qualitätssicherung in der Praxis Hanser, 1990
Wallmüller, E.	Ganzheitliches Qualitätsmanagement in der Informationsverarbeitung Hanser, 1995
Willmer, H.	Systematische Software-Qualitätssicherung anhand von Qualitäts- und Produktionsmodellen Springer, 1985

Sachwortverzeichnis

L

M

N

O

P

S

T

Ü

vieweg

vieweg